北水ブックス

AIが切り拓く養殖革命

～北大×ソフトバンクのチョウザメプロジェクト～

石若裕子 編著

今村央／須田和人／安居覚／嘉数翔
M・イーストマン／小川駿／利根忠幸 共著

KAIBUNDO

目　次

はじめに

　水産の世界に，人工知能（AI）を取り入れる試みはされているが，他の業界と比較して著しく遅れている。大きな理由として，"水"と切っても切れない関係であることが挙げられる。AI を利用するためには，必ず電子機器が必要である（そうでなければ人の知能なので，これまでと変わらない）。電子機器にとって水は天敵である。海水や水圧といった地上では考慮する必要のないものが，データ収集を困難にしている。さらに，養殖を効率的に行うための要素が，環境や魚の生態など，多岐にわたり，組み合わせが膨大となる。すべてを実際に行うと，魚の成長を待たなくてはならず，いくら時間があっても最適な組み合わせを得ることができない。そのため，シミュレーションによって最適な組み合わせを探索し，実践するアプローチを考案した。

　本書は，2020 年 2 月から始まった北海道大学大学院水産科学研究院とソフトバンクによるチョウザメの行動分析を目的とした共同研究の成果の一部をまとめたものである。本研究にあたり，今村央教授には，ロシアチョウザメの解剖を行っていただいた。チョウザメの生態学的見地については，足立伸次名誉教授および都木靖彰教授より多大な御助言をいただいた。本書には含まれていないが，水槽の水流シミュレーションについて，高橋勇樹助教にご尽力いただいた。水産の素人であった我々を温かくご指導くださった先生方には感謝の念が絶えない。

　本書は，読み物として楽しめるものから，研究色の強いものまで，バラエティに富んだ内容となっている。読者のみなさまには，理解できないところは読み飛ばしてでも，ぜひ最後まで頑張って読んでいただきたい。

　第 1 章，第 2 章は，現在と未来の養殖の姿を独自の見解に基づいて記載している。学術的な背景というよりは，読み物として捉えていただきたい。第 3 章は，我々が提案したシミュレーションの全体の流れについて簡単に説明している。チョウザメに限らず，養殖全体のシミュレーションを行うための準備，シ

ミュレーションそのもの，シミュレーションの適用について概要を述べる。それぞれの項目についての詳細は，後の章にて説明している。

第 4 章はシミュレーションの準備である実データ収集の方法について述べている。まずチョウザメの筋骨格モデルを作成するための解剖データ収集について，今村教授に執筆いただいた。そのあと，チョウザメの動きのデータを取るために水中や水上にカメラを設置した方法について述べているが，ほぼ我々の失敗談である。

第 5 章は，収集したデータからコンピュータグラフィックス（CG）をどう作成していくかについて記載している。CG やツールの知識がなくても読めるように工夫したつもりである。

第 6 章は，群としての魚の動きのシミュレーションについて述べている。こちらには式が含まれ，研究色が他と比べて若干濃くなっている。式を理解したい場合は参考文献を参照し，全体像を知りたい人は式を読み飛ばしても理解できるように記載した。

第 7 章は生成したシミュレーションの適用について述べている。尾数カウントやトラッキングに対して，機械学習の 1 つであるディープラーニングを用いた方法の概要を説明している。機械学習の詳細まで記載することはできないが，どういうことができるかに着目して記載しているので，予備知識のない読者も恐れずに読んでいただきたい。

第 8 章はチョウザメ以外の魚種への適用について述べている。日本の養殖場で飼育されているギンザケ，トラウトサーモン，マダイ，ブリについて尾数カウントを行った結果を示す。

本研究を遂行するにあたり，たくさんの方に多大なご協力をいただいた。チョウザメのデータ収集にご協力いただいた北海道美深町の紺野哲也様をはじめとしたみなさま，海上生簀のデータ収集にご協力いただいた日本農産工業株式会社の水谷様，鶴見様，曽根様，東海様をはじめとしたみなさま，コンピュータシミュレーションに多大な貢献をしていただいた NeuralX 社の仲田真輝様，そして本研究を後押ししてくれたソフトバンク株式会社に感謝の念を伝えたい。

石若裕子

第1章　養殖のいま

　近年，海産物のニーズは世界で拡大傾向にあり，1人当たりの食用水産物の
消費量は過去半世紀で2倍以上に増加した。漁業における生産量は横ばいだ
が，養殖市場は急激な伸びを見せ，とくに中国やインドネシアを中心に力を入
れている傾向がある。

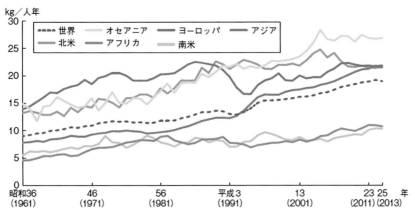

図1.1　地域別の世界の1人1年当たり食用魚介類消費量の推移（粗食料ベース）
資料：FAO「FAOSTAT (Food Balance Sheets)」
注：粗食料とは，廃棄される部分も含んだ食用魚介類の数量。

1.1　海面養殖におけるスマート化の現状

　海で，生け簀などの施設を使って，魚介や海藻などの水産動植物を育てる
「海面養殖」では，ノルウェーが早くから大規模化に取り組み，最新テクノロ
ジーによるスマート化を国家事業としても推進している。穏やかで豊かな海に
巨大な生け簀をつくり，管理はAIを駆使したIoTやロボティクスなどの技術
を活用して沖からリモートで行う取り組みが進んでいる。

　対する日本は，海面養殖に適した場所が限定されることもあり，大規模な生産を行うことが難しい。しかも地球温暖化の影響による台風や海水温の上昇といった環境的な問題もある。さらに，エサの食べ残しや排泄物による環境汚染も問題視されており，残餌量を減らすことが強く求められる。またコストの多くを占めるエサ代の削減，優良な稚魚の生産や確保など，安定的な経営を行う上で養殖事業者にとっての課題は多い。

　こうした状況に対し，国は資源管理から流通に至るまで ICT を活用した DX（デジタルトランスフォーメーション）を行うスマート化を推進している。そのこともあり，異業種や民間企業からの「スマート養殖」への参入も活発化している。

1.2　陸上養殖におけるスマート化の現状

　さらにスマート化が加速しているのが「陸上養殖」である。陸上養殖は海面養殖に比べ，さまざまなメリットがある。外部環境の影響を受けにくく，飼育環境をコントロールしやすい点，排泄物をコントロールすることにより環境負荷を小さくできる点，そして場所が限定されずに養殖場をつくることができる点などである。地上の施設で魚を育てる陸上養殖は，海の知識や経験が必須ではないため海面養殖よりも新規アイデアを取り入れやすく，ICT を活用したイノベーションを起こせる可能性も高い。

　しかし，陸上に水槽をつくる必要がある。その設備コストや運営に掛かるランニングコストが高い。また，水温調整や濾過を行うための機械が必須なので，その機械の故障時や停電時などには全滅のリスクもある。設備投資やエネルギーコストの大きさが普及に向けた課題になっている。

1.3　AI の進歩によるスマート化への期待

　養殖事業者にとって，安定的な経営のためには，「生産の効率化」を行い，「生産性の向上」を実現することが重要である。

　生産の効率化については，効率的な給餌によって残餌量を軽減でき，むだな

エサ代の節約が可能となる。また，生産期間を短縮して生産量を拡大すること
や漁獲物の高付加価値化を行うことで「生産性の向上」をはかり，「売り上げ
の拡大」につなげることが可能となる。

　ところが，生産の効率化に向けては大きな課題がある。その1つが，魚は水
のなかにいるため，成長の実態を把握しにくいという点だ。もう1つが，ICT
化を進める上で水中の映像データを収集するための機材が高価なことと，耐久
性が低いという点である。実態がわからなければ，給餌量の最適化や，水揚げ
量の把握は難しい。

　養殖の生産現場においては，一部のサンプルから推定される一尾一尾のサイ
ズではなく，生簀全体のサイズ毎に分類された尾数を正しく把握することで，
水揚げ量の把握に基づく綿密な販売計画の立案が可能となる。しかし現状の技
術では，少ないサンプル数しか把握することができず，全体を正確に把握する
ことは難しい。

　AI/IoT やロボティクスなどの先端技術の進歩によって，生産現場が抱える
課題を解決することが期待される。

1.4　養殖 AI 技術の進歩における課題

　養殖における AI 技術としては，画像から物体を検知し，生け簀内の魚の実
態を把握するためには，ディープラーニング（深層学習）という手法が向いて
いる。大量の学習データを用いることで，人よりも高い精度で物体の検知を行
うことができる。ディープラーニングの問題点は，大量の学習データを用意し
なければならないことである。これらの学習データの条件としては，季節（月
毎），天気，場所において1時間単位の照度や太陽の向きなどの，いろいろな
環境の学習用データが必要である。

　しかし，海中データの場合，そもそも大量の映像が存在しない。映像が存在
したとしても，人が見てバウンディングボックスを付けようと思っても，重
なっていたり，影が多かったり，網と区別がつかなかったりと，正確に付ける
ことが難しいため，学習用の正解データをつくることができない。この課題を
解決することが，養殖における AI 技術の進歩には必要不可欠なのである。

第2章 AIによる養殖革命の可能性

2.1 AI活用の難しさ

　養殖は，作業者に勘と肉体の両方のスキルを要求する。餌をやる，出荷をするなど，力作業が必要となるが，それだけではなく，魚の状態を観察し，予測をし，餌のタイミングや量を決定しなくてはならない。出荷の際には，朝早くから出荷作業に追われ，市場が開くと同時に魚を搬入する。これは，活きの良い魚を消費者に届けるために必要な措置である。

　これだけの労力をかけていても，養殖業者の経営は楽ではない。養殖の経費のほとんどが餌代であるにもかかわらず，餌の材料が天然資源によって賄われており，海外からの輸入に頼っているのが現状である。そのため，天然資源に頼らない餌の開発が進んでいるが，養殖魚の餌の食いつきがよくなかったり，脂の乗りがよくないため旨味が少なくなったりと，一筋縄ではいかない。一方，自動化が進んでいるノルウェーでは，生産性が上がっており，日本の6倍の売り上げを実現している。

　養殖を安定的に持続させるためには，自動化が必須となってくるであろう。そして，自動化には人工知能（AI）が不可欠である。人工知能と一口に言っても，いろいろな種類がある。対話するもの，分類が得意なもの，画像認識が得意なものなど，多岐にわたっており，近年の研究では，与えられた問題に対して学習を行い，適応していくディープラーニング（Deep Learning：DL）という手法が画期的な成果を上げている。

　DLのような機械学習（Machine Learning：ML）を活用するためには，大量の入力データが必要である。音声だったり，画像だったり，目的によって異なるが，いずれもネットワーク経由で大量のデータ収集を行うことが一般的である。また自動運転のように，距離を測定する必要がある場合は，特殊なセン

サーが必須である。しかしながら，養殖の分野では，ほとんど DL を活用できていない。その理由として"水"，とくに"海水"が挙げられる。データ収集に有効な Wi-Fi のような無線通信がまったく使用できない。このため，リアルタイムで水中のデータを収集するには，有線で行う必要がある。しかし，地上と異なり，水圧や環境の問題で，長時間機材を水中に入れておくことは非常に困難である。たとえば，水深 10 m の海上生簀の映像データをリアルタイムに取得するには，まず，カメラを水圧に耐えるハウジングに入れる。10 m 以上の頑丈な電源ケーブルおよび有線のネットワークケーブルを用意し，ハウジングに穴をあけ，カメラに接続する。このとき，ケーブルの接続部を注意深くシールドしなくてはならない。建物のコンセントあるいは強力な太陽電池から電源を確保し，海中でケーブルが絡まらないように何かに固定し，カメラも一定方向を向くように固定する。ハウジングのなかには空気が入っているため，カメラやハウジングの種類によっては，錘をつけなくてはならない。たいへんな準備をして海中にカメラを入れたとしても，長時間撮影しているうちに，レンズに藻がつき，映像が取得できなくなってしまう。引き上げてレンズをきれいにするか，ダイバーが潜ってレンズを拭くか，メンテナンスもたいへんである。現状，バッテリーがもつ時間の撮影しかできず，SD カードなどに保存された映像を撮影後に取得するという方法しかないため，思ったような角度で撮影されていなかったとしてもカメラを引き上げるまでわからないといった問題がある。

2.2　それでも AI は活用したい

　大量のトレーニングデータさえあれば，DL は有効である。しかし，実データから得ることは難しい。そのため，コンピュータグラフィックスのシミュレーション（CG シミュレーション）によって大量のトレーニングデータを生成するアプローチをとることによって，この問題を解決した。トレーニングデータに使えるようなシミュレーションを作成するためには，"本物にどのくらい近づけることができるか"が重要になる。何をもって"本物に近い"とい

うのか？ 魚の個体の見え方，個体の動き方だけではなく，水中の環境，水面か
ら覗いたときの見え方，群の動き方，水槽の形，生簀の形や深さなど，ありと
あらゆるものが本物と同じである必要がある。ものすごく時間をかけて，1 つ
のシーンをそっくりにつくったとしても，ちょっとでも条件が変化すると，ま
た一から作り直しとなる。自動で，環境に適応し，本物そっくりに動く（自律
適応型）CG シミュレーションが必要となる。

　我々は魚の生態を調査し，魚が自分自身で意思決定をし，どの方向にどのくら
い進むかを決め，実際に動くという Foids および群行動を学習する DeepFoids
というアルゴリズムを研究開発した。詳細については後ろの章で説明するの
で，ここでは割愛する。それぞれの魚が AI を持ち，行動することで，シミュ
レーションの幅が劇的に広がる。そっくりな見た目によるコンピュータビジョ
ンの分野のトレーニングデータセットの生成はもちろんのこと，環境の変化に
よる全滅の推測，病気の個体の行動の推定，給餌のシミュレーションによる餌
の最適化など，多岐にわたる。現在はコンピュータビジョンの分野に適用して
いるが，今後はさまざまな分野に応用していくことが可能となる。

図2.1　養殖の未来図

2.3 フルオートメーション養殖場

　養殖に必要な AI が発達し，自動化が進むと，どんな世界が来るだろうか？最適な給餌，日々の魚の健康チェック，病気対策，出荷など，宇宙船のコックピットのようなところから人が指一本で指示するだけでよくなるかもしれない（図 2.1）。キツいと言われている養殖業の世界が株の取引のようなものになるかもしれない。安心安全な食を効率よく提供できる世界が来るには，AI とロボットの力が不可欠である。

LiDAR 実験

　魚のサイズを画像から推定するためには，カメラと魚の距離を知る必要がある。地上では LiDAR センサーが有効であり，スマートフォンについているものは 5 m ほどまでの物体の距離を測定することができる。そこで，我々は水中でどのくらいまで届くか確かめるために，自分たちで LiDAR センサーと RGB のカラー動画像を同時に取得できるような iPhone アプリを開発し，潜水実験を行った。潜水する際に iPhone を握ったせいなのか，いざ実験開始しようとしたときに Siri が起動しており，しばし（人が事実を認めたくなくて）固まったり，再浮上して Siri を終了してからアプリを再起動して再潜行したり，いろいろトラブルがあった。

　ようやく実験を開始し，10 cm から 1 m まで試してみたが，結果としては 10 cm までしか測定することができなかった。下に実験結果を示す。30 cm のプレートにわずかに反応しているが，たまたま横切ったとても近い距離の紐の一部がかろうじてわかるくらいである。ここから，我々の距離推定のための長くつらい旅が始まったのであった（そして，いまも旅の真っ最中）。　　　　　　　（石若裕子）

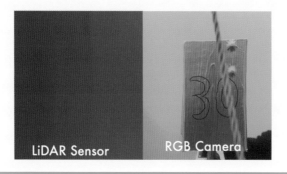

第3章 シミュレーションの流れ

この章では，CG シミュレーションを作成する際の，全体の流れを説明する。各項目については，それぞれ後ろの章で詳細に説明している。ここでは，チョウザメだけではなく"養殖"全体にフォーカスしたシミュレーションについて説明する。

3.1 全体の流れ

全体の流れを図 3.1 に示す。3 次元 CG 空間に養殖場を再現するためには，①実データを収集し，②実データから CG のオブジェクト（形）を生成，③実データから空気中の環境を生成，④水中の環境をシミュレーションし，⑤機械学習に必要なトレーニングデータセットを自動生成し，⑥尾数カウントのよう

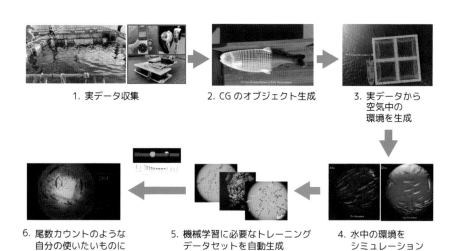

1. 実データ収集　　2. CG のオブジェクト生成　　3. 実データから
　　　　　　　　　　　　　　　　　　　　　　　　　　空気中の
　　　　　　　　　　　　　　　　　　　　　　　　　　環境を生成

6. 尾数カウントのような　　5. 機械学習に必要なトレーニング　　4. 水中の環境を
　自分の使いたいものに　　　データセットを自動生成　　　　　シミュレーション
　適用する

図 3.1　全体の流れ

な自分の使いたいものに適用する。

　"何を得たいか"によって，④の水中のシミュレーションの内容および⑤に必要なアノテーション（学習に必要なラベル付け）が異なる。たとえば，尾数カウントであれば，各魚を 2 次元の長方形で囲う必要がある（2D バウンディングボックス）。魚が向かう方向まで必要であれば，3 次元の直方体で囲う（3Dバウンディングボックス）。魚の形や姿勢を知りたいのであれば，シルエットの情報が必要となる。これまで述べたアノテーションを実データから得ることは不可能である。シミュレーションであれば，正しいデータ（グラウンドトゥルース）を自動的に大量に得ることができ，ディープラーニングのトレーニングデータとして有用である。

3.2　実データの収集

　魚の写真，生簀や水槽の写真，水中の動画，魚の意思決定に関係する自然のデータである水温，照度，風速，養殖場の緯度・経度の情報を収集する。図 3.2に，実際の生簀のデータ収集に使用した機材の例を示す。ここで得たデータは，必要のないデータを削除し（データクレンジング），シ

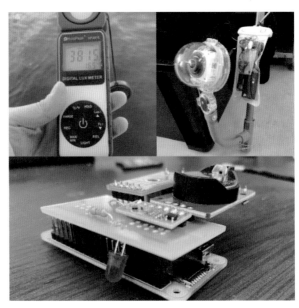

図 3.2　生簀のデータ収集に使用した機材

ミュレーションのための基礎データとする。水中や屋外でのデータ収集は，

バッテリーの問題があり，カメラ映像であれば 1 回 1 時間程度の撮影時間となる。365 日のデータどころか，1 日のデータ収集すら非常に困難である。このため，実データはシミュレーションのパラメータ調整の目安として使用し，実際のシミュレーションでは，パラメータを変化させることで，24 時間 365 日（24-7[*1]）の状態を再現することを試みる。

---

2 つのプレッシャー

　魚に関するデータ収集はプレッシャーとの戦いでもある。相手が生き物であるから影響は最小限にしたいし，水中であるとか，足場の悪い場所であるとか，普段，我々があまり接しない環境での測定となることも多い。このようにさまざまなプレッシャーがかかってくると，思わぬことが起こる。それにはずっと悩まされ続けた。

　生簀の魚を撮影しようと，カメラを準備する。録画ボタンを押して，水中ハウジングに入れ，それを海中に沈めて待つ。地上なら難なくできることだ。でも，その作業を生簀や水槽，船の上など，足場が悪いところで行う。波で揺れる，風も吹く，時間も限られている。そんなプレッシャーのなかで行うと，できていたことができない。

　カメラを引き上げてみたら何も写っていない，なんてことが 2 回もあった。録画スイッチを押し忘れていた。カメラが水中にあるので，録画中には確認できないから，地上に上げてみるまでわからない。リカバリーも難しい。こういう特殊な環境が人に与えるプレッシャーは，簡単なことさえできなくさせるデータ収集の強敵だった。

　そして，水圧というもう 1 つのプレッシャーが存在する。魚が泳ぐ水の温度を測りたい。光が与える影響も知りたいので照度も測りたい。温度センサーと照度センサー，ログを取るためのマイコンと電子回路，駆動用バッテリーを市販の防水ボックスに入れて沈めてみた。これで魚の生息環境のデータが取れる。と思って引き上げてみたら，防水ボックスのなかに水が入っていた。機器が水没していたから当然データは取れていない。市販の防水ボックスは，水深 6 m の水圧の前には無力だった。それならば！ と 10 m まで耐えられる防水スマホケースに一式を詰め込んで沈めてみた。でも，引き上げたらやっぱり水が入って壊れている。

[*1] 24 時間 365 日の英語表現。1 日 24 時間，1 週 7 日を意味する。うるう年も含めて休みがまったくない。

10 m 防水は嘘だったのか？と思いながら，よく見たら，電子回路基盤の角がスマホケースから顔を覗かせていた。地上ではちゃんと入っていたのだが，水圧で押されると，基盤の角でも鋭い刃となってスマホケースに穴を開ける。それなら，角になるところに緩衝材を入れたらどうだ？とやってみた。今度は水没しなかった。でも，取れたデータの水温が高い。どう考えても魚が棲める温度じゃない。原因は，スマホケースに機器と緩衝材を詰め込みすぎて，マイコンや回路が，水温ではなく，それ自身の発熱を測っていた。こんな失敗は一例に過ぎない。

　水の環境は，人にも装置にもプレッシャーをかけてくる。思ったとおりにデータが手に入ることの方が少ないかもしれない。だが，試行錯誤のなかで，どちらのプレッシャーも考慮に入れたデータ取得の方法を考え，乗り越えていくことが，水産，養殖の研究の醍醐味だとも言えると思う。　　　　　　　　　　　　（安居覚）

3.3　実データから CG オブジェクトを作成

　チョウザメについては第 5 章で詳細に説明するため，ここでは別の魚種を題材に説明する。図 3.3 にサケの写真とそこから作成した CG 映像を示す。生簀も同様に，動画撮影や写真から CG オブジェクトを作成する（図 3.4）。生簀を 3D CG 空間上に配置し，生簀のなかに作成した魚を入れる。この状態では，凍った魚が生簀のなかを移動しているように見えるため，魚に動きをつけて移動させると，泳いでいるように見える（図 3.5）。

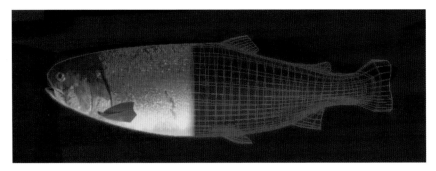

図 3.3　サケの写真と CG 映像

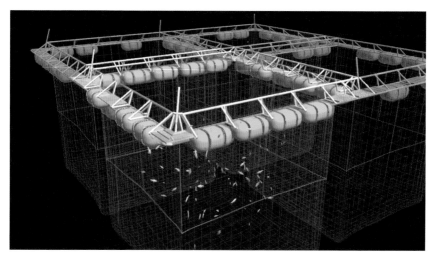

図 3.4　生簀の CG

図 3.5　泳ぐサケの CG

3.4　実データから水中の環境シミュレーション

　水中の環境変化は，空気中の環境変化と比較して，ドラスティックに変化する。光，濁り，季節や天候によって，まったく異なる。これらをいかに再現

18

できるかがトレーニングデータの質に関わり，それがディープネットワーク
（DNN）の性能に直結し，結果の精度に大きく関わってくる。

　コンピュータビジョンにとって，光はとても重要な要素となる。屋内であっ
ても水中であっても，季節によって入り込む太陽光の角度が異なる。養殖場の
緯度・経度によって，太陽の動きを計算することが可能となる。我々のシミュ
レーションでは，365 日の光の差し込み方を再現するために，太陽の動きも考
慮されている（図 3.6）。

　海上生簀の場合，海水温が上がってくると水中のプランクトンが繁殖し，透
明度が非常に下がってしまう。また，色も緑が強く出る。これを再現するため
に，海中のクロロフィルの量をパラメータとして変化させ，異なる色合いを再
現している（図 3.7）。

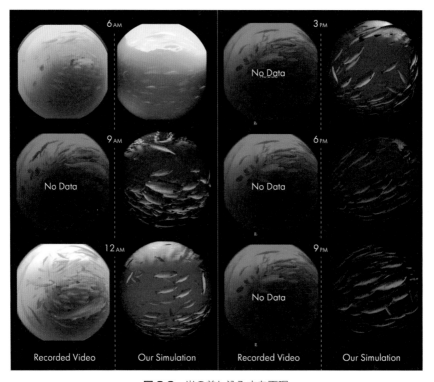

図 3.6　光の差し込み方を再現

図 3.7　クロロフィルの変化（左から右に量が増えている）

　プランクトン以外にも，水を濁らせる要素はたくさんある。沈殿物の濃度をパラメータによって変化させることで見えにくい映像を自動生成する（図3.8）。

図 3.8　沈殿物の変化（左から右に濃度が上がっている）

　深度によって光の減衰率が異なる。減衰率を考慮することで，各深度における見え方の再現を試みている（図 3.9）。

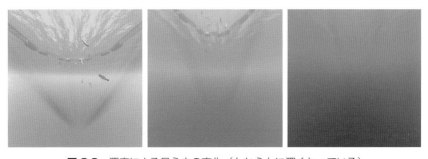

図 3.9　深度による見え方の変化（左から右に深くなっている）

　これらの海中での物理現象を合わせてシミュレーションを行うことにより，実データの映像に近いトレーニングデータセットを自動で得ることが可能となった。

　ここまで，力を入れてシミュレーションを行ったが，チョウザメの水槽は非常にきれいで透明だったため，チョウザメのシミュレーションには残念ながら出番はない……

3.5　アノテーションの自動生成

　本物に近い映像をシミュレーションで得ることがすべてではない。そこから，アノテーションを自動生成する必要がある。シミュレーションで生成した人工的なデータのことをシンセティックデータセット（Synthetic Datasets）という。シンセティックデータセットの利点はたくさんあり，①現場に行く必要がない，②滅多に起こらないイベントのデータを得ることができる，③任意の大量のデータセットを生成することができる，④パラメータを変えるだけで大量のバリエーションを得ることができることが挙げられる。

　通常，アノテーションをつけるときは，たくさんの人にお願いする必要がある。顔検知の場合だと，人の顔を 2D バウンディングボックスで囲う必要があるが，学習にかけるためには，人が最初に教えてあげなくてはならない。しかし，人によって正確性が異なったり，間違えたりするため，データクレンジングという膨大な作業もまた人で行っている[*2]。シンセティックデータであれば，間違いがなく，いろいろな種類のアノテーションを自動的に生成することができる。アノテーションの例を図 3.10 に示す。右上が 2D バウンディングボックスで，魚の検知に役立つデータ。左下が 3D バウンディングボックスで，魚の向いている方向を検知するのに役に立つ。右下がシルエットで，魚の姿勢（ポーズ）推定に役立つ。

[*2] 質の良くないデータの候補を自動で判定し，人がチェックする数を減らしている方法もある。

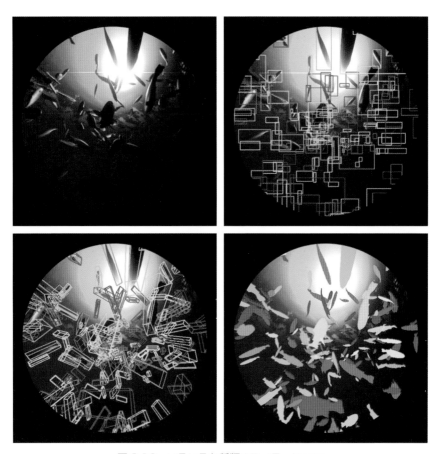

図 3.10　　いろいろな種類のアノテーション

3.6　尾数カウントの例

　これらのトレーニングデータセットを用いた例として，尾数カウントがあげられる。シミュレーションで生成したデータに対して，2D バウンディングボックスを自動的にラベル付けし（自動アノテーション），トレーニングデータセットとして DNN の入力とし，学習する。学習済みネットワークに対して，実際の映像を入力とし，尾数カウントを行う（図 3.11）。詳細については第 7 章で，尾数カウントだけなく，トラッキングの方法についても説明する。

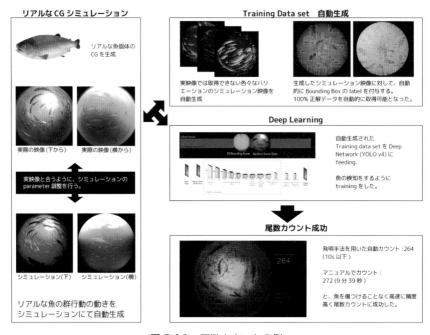

図3.11 尾数カウントの例

　本章では，魚の動きは，既存の CG の手法であるリグベース[*3] で生成している。しかし，個体の特徴を得るためには筋骨格モデルが必要である。筋骨格モデルやそれをベースとした CG については，第4章と第5章で詳細に説明する。また，本章では式を省いて説明したが，式やアルゴリズムに興味のある人は第6章を読み，さらに深く知りたい人は参考文献を参照されたい。

<参考文献>

1. Yuko Ishiwaka, Xiao S. Zeng, Michael Lee Eastman, Sho Kakazu, Sarah Gross, Ryosuke Mizutani, Masaki Nakada: Foids: bio-inspired fish simulation for generating synthetic dataset, ACM Transactions on Graphics, Volume 40, Issue 6, Article No.207, pp1–15, 2021 https://doi.org/10.1145/3478513.3480520
2. Yuko Ishiwaka, Xiao Zeng, Shun Ogawa, Donovan Westwater, Tadayuki Tone, Masaki Nakada: DeepFoids: Adaptive Bio-Inspired Fish Simulation with Deep Reinforcement Learning, Advances in Neural Information Processing Systems 35 (NeurIPS 2022), 2022

[*3] リグベース：CG において，1つのオブジェクトの形状を変化させるために，簡易な骨と関節を入れたもの。本物の生物は筋肉の伸縮で関節が動くが，リグベースでは関節が動くことで体表が変化するという逆の動き方をする。詳細は第5章で述べる。

第4章 データ収集

　この章では，シミュレーションを行うに当たり，最初の一歩であるデータ収集について述べる。筋骨格モデルを生成するため，チョウザメそのもののデータ収集のために解剖を行った。チョウザメの水中の動きを得るために，水槽にカメラを入れて撮影した。また，群の動きを得るために，水槽全体を撮影した。これらの方法について述べる。

4.1　解剖学的手法に基づく形態データの収集

　魚類の解剖と聞くと，小学生の理科の授業で行った解剖実験を思い出す方もいるかもしれない。私も小学生高学年の頃にフナを解剖し，主に内臓系やエラの観察を行った経験がある。もちろんこれも魚類の解剖だが，本プロジェクトではチョウザメ類の動きを CG で再現するため，その基礎データとして，解剖によって骨格系と筋肉系に見られる形態データの収集を行っている。かなり専門的であり，多くの方が経験したことのないタイプの解剖だろう。ここではどのようにチョウザメ類の形態データを収集するかについて説明したい。

❖ 解剖で得られる形態データ

　まず初めに，なぜ私が本プロジェクトで形態データの収集を行っているのかについて述べておきたい。私が北海道大学で行っている教育・研究の専門分野は，形態学に基づいた魚類の系統分類学である。系統分類学とは，生物の系統類縁関係に基づいて分類体系を構築する学問領域のことである。生物は進化するものであり，ある種から枝分かれして新たな種が誕生していくとすると，現生種も含め，これまで地球上に現れた生物はすべて何らかの血縁関係があることになる。この血縁関係が系統類縁関係である。系統類縁関係は，言い換えると生物の進化の道筋である。したがって，系統類縁関係をたどることによっ

て，どの種とどの種が近縁であるとか，どのグループとどのグループが縁遠い
のかがわかるのである。たとえば，数種が近縁であり，1つのグループを形成
するとしよう。このような近縁種群は，直近の祖先種が進化の過程で獲得し，
各種が共通に持っている新しい形質を見つけることで他種と区別することがで
きる。このような新しい形質のことを派生形質という（一方，もともとあった
形質は派生形質に対して原始形質と呼ばれる）。したがって派生形質は，その
グループを定義するのに極めて客観的な根拠となりうるのである。そして，あ
る近縁種群に共通する派生形質のことを共有派生形質という。このように系統
分類学では，系統類縁関係に基づいてグループを認識し，共有派生形質によっ
てグループを定義することで，属や科などといった種より高次の分類を行い，
分類体系を構築していくのである。

　系統類縁関係の推定に遺伝子情報も非常に有効だが，上述のとおり私は形態
学が専門であるため，系統分類学を実践するのに形態データを用いる。系統類
縁関係を推定するためのデータは多ければ多いほどよい。形態データは外部形
態からも収集できるが，これまでの魚類形態学者の研究の蓄積により，骨格系
や筋肉系にもさまざまな形態変異があることがわかっているため，これらの内
部形態の特徴も観察する。骨格系や筋肉系を観察するには解剖が有効である。
解剖以外でも，骨格系なら X 線写真を撮影するなどの方法でもある程度のデー
タは得られるが，骨同士の縫合線のような詳細な形態までは確認できず，また
軟骨や筋肉などの軟らかい組織のデータは X 線写真では得にくいため，解剖
学的手法を用いて観察するのである。かくして私は自身の専門分野である系統
分類学的研究を行うため，とくに大学院生時代は多くの時間を魚類標本の解剖
にあて，解剖と観察のスキルを身につけ，高めていった。

　このように，系統分類学を実践するために解剖のスキルを身につけていたこ
とが，私に本プロジェクトから声がかかった理由である。系統分類学は水産科
学や生物学の根幹を形成する基礎的な学問分野であるため，養殖事業との関わ
りは生じにくい。そのため，解剖のスキルがチョウザメの養殖と深く関係する
ことになるとは，まったくの予想外であった。どこでどのような技術や経験が
役に立つか，わからないものである。

❖ 形態学者は解剖器具を選ぶ

　次に解剖によってどのように形態データを収集するかについて説明したい。
魚類標本を解剖するにはピンセット，ハサミ，メスなどの器具が必要である。
日常生活でもピンセットがあれば便利な場面があり，市販のものをお持ちの方
もいると思うが，私たちが魚類の解剖で使うハサミやメスは主に研究用や医療
用のもので，あまり一般には使用されていないタイプの器具である。

　同じ種類の解剖器具であっても，使う場面によって形や大きさなどが異なる
ものを使うことがある（図 4.1）。たとえば私の場合，ハサミは 3 種類を使い分
けている。厚めで大きく，体側筋（通常，食用にしている部分）のような大き
な筋肉を切るのに適したもの，薄めでやや小さく，細い筋肉を切るのに適した
もの，そして刃の部分が非常に細くて小さく，小型個体の細い筋肉を切るのに
適したものである。メスも皮膚を切ったり，腱などを骨格から切り離す場合な

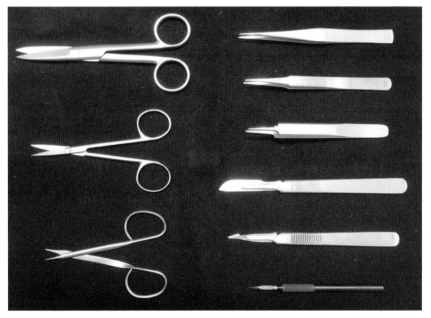

　図4.1　筆者が使用している解剖器具の例。左側がハサミ，右上 3 本がピンセット，
右下 3 本がメス。いちばん小さなハサミ（長さは約 10 cm）は眼科用で，その精密
さゆえかなり高価である。

どに使用しているが，筋肉を切断するときは基本的にハサミを使用する。メスで筋肉を切ろうとすると，刃を押したり引いたりしているうちに切断面がほぐれて筋肉の束が認識しにくくなってしまう。ハサミで切断するときも複数回に分けて切り進めるのではなく，可能な限り一刀両断にする。その方が断面がはっきりと確認できるのである。

　ピンセットにはかなり繊細な形状のものもある。素材にもよるだろうが，細ければ細いほど先端が曲がりやすい。うっかり手を滑らせて床に落とそうものなら，簡単に先端が曲がってしまう。そして曲がってしまった先端はどんなに頑張って元に戻そうとしてもまず元どおりにはならず，先端が向かい合わなくなってしまう。このようなピンセットは繊細かつ正確な作業が求められる標本の解剖には使えない。形態学者としての私の感覚ではピンセットは消耗品である。

　器具によっては非常に高価なものもあるが，あまり出し惜しみすべきではないだろう（もちろん必要以上に高価なものを買う必要もない）。学生時代に数百円程度の安価なピンセットを購入したことがあったが，先端部のつくりが悪く，力を入れると先端が開いてしまうという代物で，魚類の解剖にはまったく不向きのものであり，「安物買いの銭失い」の典型だった。「弘法筆を選ばず」という言葉があるが，形態学者は解剖器具を選ぶのである。

❖ 解剖とデータ収集

　標本の解剖では双眼実体顕微鏡を用いる。実体顕微鏡とは，20〜30倍程度の低倍率で観察対象をそのままの状態で観察するタイプの顕微鏡である。「双眼」なので，両目で観察できる機種である。双眼実体顕微鏡（以下，顕微鏡）下で標本を解剖，観察を行い，必要に応じて描画したり，写真を撮影する。描画には描画装置付きの顕微鏡を用いる（図4.2）。描画装置を顕微鏡に取り付け，左目でほぼ直下にある標本を観察し，右目で右方向に張り出した描画装置経由でその下にある紙を捉える。この装置を使って作図すると，左右の目の像が合体され，あたかも左目に写った像の輪郭などを鉛筆でなぞっているように見えるのである。本プロジェクトでは形態データはチョウザメの動きをシミュ

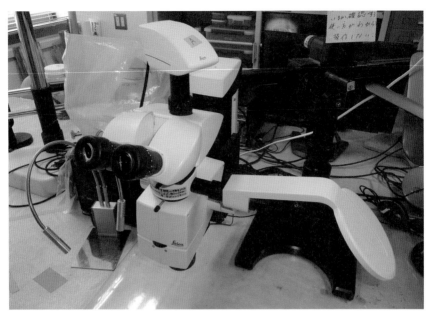

図4.2　描画装置付き双眼実体顕微鏡。これを使っての描画は慣れないと少し難しいが，慣れてしまえばとくにどうということはない。

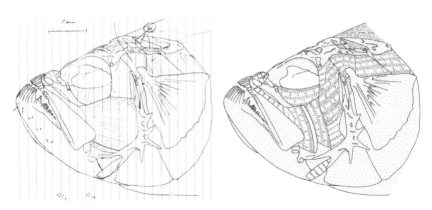

図4.3　エゾハタハタの頭部側面の鉛筆による描画（左），および論文投稿のために用意した清書（右）。相応の手間と時間を要するため，本プロジェクトでは清書は行っていないが，清書すれば非常に理解しやすくなることがおわかりいただけると思う。なお清書中の頬の筋肉（閉顎筋）は，最表層の要素を切り取った状態で作成した別の描画を元に描いている。

レーションするために用いられる，いわば内部向けのデータであり，CG 作成
担当者が十分に理解できるのであれば，鉛筆で描いた描画と写真でとくに問題
はない。しかし，解剖学的な内容の論文を学術雑誌に投稿するのであれば，鉛
筆の描画をもとに墨入れをするなどした清書が必要となる（図 4.3）。

　標本は観察しやすいよう，事前に骨格を染色しておく。用いる染色剤はアリ
ザリンレッド S とアルシャンブルーの 2 種類で，前者は硬骨を赤く染め，後者
は軟骨を青く染める。したがって標本は赤色と青色に染め分けられることとな
る。骨格のみを観察する場合は，トリプシンというタンパク質を分解する酵素
を使って筋肉を透明化し，いわゆる二重染色透明標本を作成することもあるが
（図 4.4），本プロジェクトでは筋肉系の形態データも必要であるため，透明化
は行わない。

　解剖・観察は体の表層から深層へ進んでいく。右体側と左体側のどちらを解
剖しても差し支えはないが，魚類では習慣的に左側に頭を置くため，左体側を
解剖するのが一般的である（ただし，体各部位の計測で左体側が使われること
が多いため，左体側は計測のために残し，右体側を解剖する場合もある）。筋
肉を切断したり，骨を取り外したりする前に描画や写真撮影を行い，データを
記録する（図 4.5）。取り外した骨もデータを記録するが（筋肉が付着している
場合はまず筋肉ごとデータを取り，その後に筋肉を取り除いて骨のみのデータ

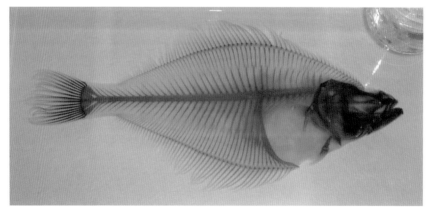

図4.4　博物館展示用に作成したソウハチの二重染色透明標本。赤色と青色に染め
　分けられた硬骨と軟骨が透明化された筋肉越しに観察できる。

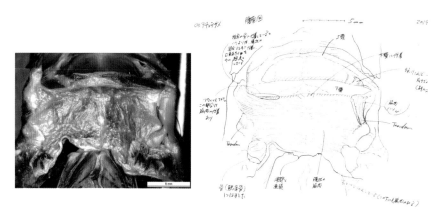

図4.5　ロシアチョウザメの頭部腹面の写真（左）と描画（右）。頭部腹面は皮膚を取り除いてある。データが取れたら次は両顎などの骨格部位を取り外す。写真は実物そのものだが, 形態を理解する上では描画の方が数段上である。

図4.6　解剖がほぼ終了した状態のロシアチョウザメ。上はほぼ左半身を取り除いた魚体本体, 下は主要な骨格部位で, 左から上顎, 懸垂骨, 舌弓, 鰓弓下部, 鰓弓上部, および肩帯。

を取る）, 標本本体とともに保存しておくので, 後から再観察が可能である。一方, 筋肉系の場合は, 筋肉を切り取ったり取り外したりしながら解剖を進め, 保存しないのが一般的である。取り除いた筋肉は後から再観察ができないため, 骨格より慎重にデータを記録する必要がある。解剖が終了すると, 頭蓋骨, 脊柱, 背鰭, 臀鰭, 尾鰭および右体側の各要素がほぼ半身の状態でひとま

とまりで残る（図4.6）。解剖に失敗したり，データが不十分だったときは残された右体側で確認することが可能である。

❖ チョウザメの解剖と観察

　今回のプロジェクトではロシアチョウザメとシベリアチョウザメの2種を用いることとなり，手始めに1個体のロシアチョウザメの解剖を行うこととした。用いる標本はすべて養殖された個体である。魚類の骨格系の解剖は，実はそこまで極端に難しいものではなく，北大水産学部の一部の学科の学生実験でも扱っている内容である（ただし比較的解剖が容易な部位に限定し，多少解剖に失敗しても目をつぶるという寛容さは必要である）。しかし，種類やグループによっては骨化が弱く，またそのために骨の縁辺が透明の膜状であることもある。したがって，骨の強度不足と観察のしづらさから解剖が難航することもある（たとえばゲンゲ類では眼の後縁と下縁を取り囲む眼下骨と呼ばれる一連の骨は骨化が弱い）。また，解剖自体はなんとかできても，観察眼が不十分であれば，形態的特徴が目には写っているが脳で認識できていないということも起こりうる。これは骨・筋肉の両方で言えることで，解剖を始めたばかりの人にありがちである。そのため，詳細で正確な観察ができるようになるには，ある程度の慣れが必要となる。一方，筋肉系の解剖は骨格系よりかなり難しい。軟組織であるため破損しやすいのである。また，鰭条（鰭を支持する骨質のスジのこと）に関与する筋肉の場合，細い筋肉の束がどの鰭条に関わっているかをきちんと見極める必要があるため，その観察はかなり骨が折れる。したがって，筋肉系の解剖・観察には骨格系以上に慣れが必要となる。しかし，最初は解剖が難しかったり，観察が不十分だったりしても，4〜5個体も解剖すれば，一通りのノウハウは身に付くはずである。さらに解剖を進めれば，より高い解剖技術と観察眼が得られるだろう。

　私自身について言えば，相当数の魚類標本を解剖した経験があり，たとえば学位論文のなかだけでも80種以上の解剖を行っている。チョウザメの解剖はこれまでやったことはなかったが，技術的にはまったく問題ないはずだったし，実際に問題はなかった。しかし，これまで私が解剖を行った魚種は，その

すべてが真骨魚類という魚類のなかでは特化の進んだグループで，原始的な特徴を多くとどめる軟質類のチョウザメとは系統的に隔たりがある。そのため，骨格系と筋肉系を構成する要素，それらの位置や関係性などが両者で大きく異なり，これまで蓄積した真骨魚類の形態データと比較ができないケースが続出したのである。これまでの経験が十分に活かせないのはなかなか辛い。チョウザメの骨格系を調べた研究は少なからずあるのだが，論文に掲載されている骨格の図を見るのと，実際に顕微鏡で実物を観察するのとでは，自ずと違いがある。また，これは魚類全般に言えることだが，骨格系を調べた論文に比べ，筋肉系を扱った論文は非常に少なく，事前に論文から筋肉要素を確認することがほとんどできなかった。このような状況のなか，暗中模索しながらの解剖が続いたのである。

　こういった苦労があり，時間はかなりかかったものの，大きな失敗をすることなく，1 個体のロシアチョウザメの標本の解剖を終えることができた（図4.6）。苦労はあったが，得るものも大きかったと感じている。いちばんの収穫は，自らの経験としてチョウザメを解剖し，一通りの形態データが頭のなかに入ったことだろう。これまでも大学の授業のなかでチョウザメについて触れることがあったが，少なくとも形態的特徴については経験に基づきながら，より説得力をもって説明することができるわけである。たとえば，魚類学の教科書類にはチョウザメ類の特徴として「現生種では骨格が二次的に軟骨化する」などのように書かれている。確かに軟骨部は多かったが，両顎や肩帯（胸鰭を支持する骨格群）などの決して少なくない要素がよく骨化しているのである。骨格が二次的に軟骨化するというのはそのとおりだが，軟骨魚類のように骨格がほとんど軟骨で構成されているわけではないということなどもあわせて説明できれば，学生たちにチョウザメ類への理解をより深めてもらうことができるだろう。

❖ 描画・写真から CG へ：形態情報を伝えることの難しさ

　このようにして描画と写真の形で収集した形態データを CG 作成担当者に渡し，CG を作成してもらう（図 4.7）。この作業，なかなかたいへんそうである。

たとえば筋肉を上から見た場合，描画や写真からだと大きさは判断できるが，太さや厚みは非常にわかりにくい。筋肉の太さ・厚みは筋肉量に大いに関係するため，これらがあいまいであればシミュレーションにも影響を及ぼす。そのほかにも，骨格の関節部分も描画や写真で説明するのが難しい箇所である。関節窩（関節のくぼみ）と関節顆（関節の突出部）の形状が複雑で，両者が完全な対応関係にはないこともあり，CGで再現するのが難しそうである。

　現在は1個体分のデータをもとに作成されたCG（静止画像）を確認し，実際とは異なっていたり，気になる点を指摘し，修正してもらっている段階である。CGが実際とは異なるということは，描画と写真からでは十分に形態データを伝えることができていなかったということである。できるだけさまざまな角度からデータを収集するように心がけてはいたのだが，不十分だったわけである。これは今後改善すべき点と考えている。

　データ量が多いため，しばらくはCGの確認と修正作業が続きそうだが，これらの作業はいつかは完了するはずだ。世界初となる，骨格系と筋肉系の形態データに裏打ちされたCGチョウザメがコンピュータ画面のなかを悠然と泳ぐ姿を見るのが，いまからたいへん楽しみである。

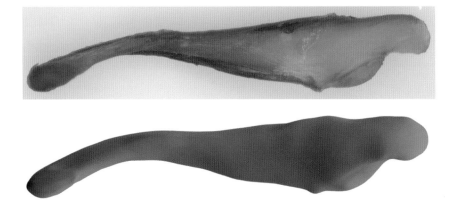

図4.7　ロシアチョウザメの下顎腹面の写真（上）とそれをもとに作成されたCG（下：嘉数翔氏作成）。左側が前方，右側が後方。

チョウザメ類の分類学

　チョウザメ類は硬骨魚綱 Osteichthyes 条鰭亜綱 Actinopterygii 軟質下綱 Chondrostei チョウザメ目 Acipenseriformes に属するグループで，現生種として 2 科 6 属 27 種が含まれる（Nelson et al., 2016）。「チョウザメ」の名前から，サメ類の仲間と思っている方もいるかもしれない。確かにチョウザメ類は頭部の先端は細く（ただし後述するようにヘラチョウザメ類は異なる形態を示す），口が頭の下部に位置するなど，サメ類と形態的に類似する箇所もあるが，サメ類は軟骨魚綱 Chondrichthyes に含まれる一群であり，チョウザメ類とサメ類には直接の近縁性はない。つまりチョウザメ類はサメ類の仲間ではなく，両者の形態的な類似は「他人の空似」ということになる。チョウザメ類の形態的な特徴として，背鰭と臀鰭は一基で，どちらも体の後部に位置する，肩帯には鎖骨が残存する，尾鰭は異尾型と呼ばれるタイプである，螺旋弁と呼ばれる特殊な消化器官を持つなどが挙げられる。チョウザメ類の卵を塩蔵したものはキャビアとして珍重され，肉も食用となる。

　チョウザメ類にはヘラチョウザメ科 Polydontidae とチョウザメ科 Acipenseridae の 2 科が知られる。ヘラチョウザメ科には，アメリカのミシシッピ川水系に生息するヘラチョウザメ *Pltyodon spathula*，および中国の揚子江水系のハシナガチョウザメ *Psephurus gladius* の 2 属 2 種が含まれる。ヘラチョウザメ科の最大の特徴は，櫂のように平らで幅広く，著しく伸長した吻だろう。和名でヘラチョウザメ，

ロシアチョウザメ（上）とアブラツノザメ（下）。チョウザメ類とサメ類は類似する箇所はあるものの，両者には系統的に直接の近縁性はなく，この類似は「他人の空似」である。（どちらも北海道大学総合博物館所蔵標本）

チョウザメ類27種の絶滅危機ランクと各種の個体数の増減（IUCNのレッドリストによる）

絶滅危機ランク	種
絶滅（1種）	ハシナガチョウザメ *Psephurus gladius*
野生絶滅（1種）	チョウコウチョウザメ *Acipenser dabryanus*
近絶滅種（17種）	シベリアチョウザメ *A.baerii*（減），ロシアチョウザメ *A. gueldenstaedtii*（減），ミカドチョウザメ *A.mikadoi*（減），アドレアティックスタージョン *A.naccarii*（増），シップスタージョン *A.nudiventrtis*（減），パーシャルスタージョン *A. persicus*（減），アムールチョウザメ *A.schrenckii*（減），カラチョウザメ *A.sinensis*（減），ホシチョウザメ *A.stellatus*（減），バルチックチョウザメ *A.sturio*（減），ダウリアチョウザメ *Huso dauricus*（減），オオチョウザメ（ベルーガ）*H. huso*（減），ダリアスタージョン *Pseudoscaphirhynchus fedtschenkoi*（減），ドワーフスタージョン *P.hermanni*（減），アムダリアスタージョン *P.kaufmanni*（減），パリッドスタージョン *Scaphirhynchus albus*（減），アラバマチョウザメ *S.suttkusi*（減）
絶滅危惧種（3種）	イケチョウザメ *A.fulvescens*（不明），チョウザメ *A. medirostris*（不明），コチョウザメ *A.ruthenus*（減）
危急種（5種）	ウミチョウザメ *A.brevirostrum*（安定），アトランティックスタージョン *A.oxyrinchus*（増），シロチョウザメ *A.transmontanus*（安定），ヘラチョウザメ *Polyodon spathula*（不明），ショベルノーズスタージョン *S.platorynchus*（安定）

和名は主に経済産業省防疫経済協力局の「絶滅のおそれのある野生動植物の種の国際取引に関する条約の実施におけるキャビアを入れる容器に貼付する再使用不可ラベルについて」にしたがった。

英名で Paddlefish（paddle は櫂の意味）と呼ばれる所以である。その他にも，吻の下面に 2 本の短いヒゲを持つ，体にはチョウザメ科のような大きな鱗はないなどの特徴がある。ヘラチョウザメは全長 1.5 m，体重 80 kg になる。ハシナガチョウザメは全長 7 m になると言われているが，測定された最大長は 3 m である。

　チョウザメ科からは 4 属 25 種が知られ，北半球の中・高緯度の淡水域，汽水湖，沿岸域に生息する。チョウザメ科は，体側には硬鱗と呼ばれる鱗が 5 列に並ぶ，吻の下面に 4 本の長いヒゲを持つなどの特徴がある。チョウザメ科は淡水魚としては世界最大級で，寿命も長い。たとえば，1926 年に捕獲されたオオチョウザメ（ベルーガ）*Huso huso* は体重 1000 kg で，少なく見積もっても 75 歳だった。他にも 154 歳と推定された個体もいる。シロチョウザメ *Acipenser transmontanus*

では，1912 年に捕獲された個体が全長 3.8 m，体重 580 kg であったことが確実な
記録として残されている。

　チョウザメ類は乱獲や生息場所の破壊によって絶滅の危機にある（表）。国際自
然保護連合（IUCN）のレッドリストによると，すでにハシナガチョウザメが絶滅
（Extinct）し，チョウコウチョウザメ *Acipenser dabryanus* は野生個体が絶滅（野
生絶滅：Extinct in the Wild）したと考えられている。他のチョウザメ類 25 種で
も，17 種が最も絶滅危機の高いランクである近絶滅種（Critically Endangered），3
種がそれに次ぐ絶滅危惧種（Endangered），5 種が危急種（Vulnerable）とされてい
る。これら 25 種のうち，個体数が増加しているのはアドレアティックスタージョ
ン *Acipenser naccarii* とアトランティックスタージョン *Acipenser oxyrinchus* の 2
種，および安定しているのはウミチョウザメ *Acipenser brevirostrum* などの 3 種の
みであり，17 種で減少が続いている。　　　　　　　　　　　　　　（今村央）

<参考文献>
IUCN（2022）The ICUN Red List of threatened species, version 2022-1. https://www.iucnredlist.
　　org（2022 年 10 月 25 日閲覧）
松浦啓一（監修）. 2007. 海の動物百科 2. 魚類 I. 朝倉書店，東京.
Nelson, J. S., T. C. Grande and M. V. H. Wilson. 2016. Fishes of the world, 5th edition. John
　　Wiley & Sons, Inc., Hoboken, New Jersey.
矢部衞・桑村哲生・都木靖彰. 2017. 魚類学. 恒星社厚生閣，東京.

4.2　水槽のなかのチョウザメのデータ収集

　ここで述べる内容は，ほぼすべて失敗談である。海中のデータ収集で培った
手法は，水槽ではまったく役に立たなかったことを最初に言っておく。

　そもそも水中の映像を取得したかった理由は，チョウザメの泳ぎ方から，個
体認識のための泳法を得るためであった。そのため，1 匹のチョウザメをカメ
ラで追いかけて，横からの映像，下からの映像，上からの映像（4.3 節参照）を
取得し，3 次元的に分析するのが目的であった。

　1 回の尾鰭の往復で進む距離を測定するために，メジャーを置いたが，水槽
全体をカバーすることはできなかった。そこで，メッシュ構造の白い物体を敷
き詰めて，さらに横にも立てかけた上でカメラを設置して，チョウザメがカメ
ラの前を通過するのを待った。

　水中にカメラを入れると Wi-Fi がまったく使えないため，地上で映像を確認することができない。確認するには人がカメラを持って潜るしかないが，水槽の水深は 70 cm と浅く，潜ることができる深さではない。また，カメラを壁際に設置したため，覗くこともできなかった。さらに，長時間撮影していると，カメラの確認画面がブラックアウトし，映像は見えなくなってしまう（電池の節約には重要な機能だが……）。

　水中カメラを選定する際に，水中での画角（どのくらいの幅で映像が写るか）が可能な限り広く，かつ歪みが少ないことを条件とした。その結果，KODAK 4KVR360 を採用したが，このカメラの

図4.8 水中カメラ KODAK 4KVR360

水中ハウジングは丸く（図 4.8），なかに空気がたくさん含まれている。三脚をつけて水中に沈めようとしたところ，三脚の重さが浮力に負け，浮いてきてしまった。急遽，錘を追加したが，バランスが崩れて，映像が斜めになってしまった。どんなに気をつけてバランスをとっても，時間が経つにつれて錘が移動し，あるいはチョウザメが泳ぐときのわずかな水流にも負け，チョウザメがぶつかったりして，ろくな映像が得られなかった。

　メジャー代わりに敷き詰めたメッシュ状の物体（名称不明）であるが，水中に設置する際に，まず縦に入れ，水中で倒して水底に置いて位置を調整するという方法をとった。しかし，ここでチョウザメの知られざる習性が実験の障害となってしまった。縦に入れたメッシュ状の格子の隙間に，チョウザメが頭を突っ込んでくるのだ。それも 1 匹ではなく何匹もである。なんとか格子から外して（というか外れるのを待って）水底に置こうとするが，たくさんのチョウザメが重なりあって，まったく逃げてくれない（図 4.9）。なんとか逃がして，水底に置くことができたが，1 枚ごとに同じことが起き，想定よりも時間がかかってしまった。撮影後にメッシュを回収するときも同じで，油断するとメッ

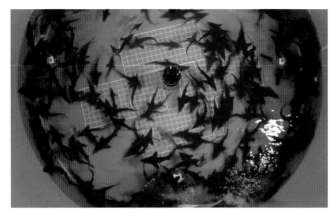

図4.9　チョウザメが重なりあって目盛が見えない

動画（8.76 MB）
www.kaibundo.jp/
hokusui/
ai_0409.mp4

図4.10　チョウザメが目盛の上を通過しない

動画（7.82 MB）
www.kaibundo.jp/
hokusui/
ai_0410.mp4

図4.11　横から水中撮影したチョウザメ

動画（9.07 MB）
www.kaibundo.jp/
hokusui/
ai_0411.mp4

シュに頭を突っ込んだチョウザメが意図せず釣れてしまった。宇宙遊泳のような ゆっくりとしたスピードで作業せざるをえず，やはり想定以上に時間を費やした。

　図 4.11 に，苦労して取得した映像の一部を示す。本当にたいへんでした。美深町様が。

魚は生きている

　チョウザメがどのように体を動かして泳いでいるのかを知りたい。しかも撮影した映像の分析を楽にしたい。そんなときに思いついたことがある。

　それは，「チョウザメの背中に目立つ色でマーキングをしよう！」ということ。これなら，撮影した映像を画像認識すれば，体の各部の座標がわかる。つまり背中や尾鰭の動き方を全自動でデータにできる。人でも使われているモーションキャプチャーのチョウザメ版だ。それを思いついた我々は，早速実行に移す。麻酔をかけられ，これまでの“魚生”でいちばん迷惑な目に遭っていると思われるチョウザメに，強力に定着するという触れ込みのインクで黄色

チョウザメにマーキング

い点を書き込んだ。とても目立つ。これを撮影すれば，簡単に各部の座標の変化の様子が手に入る。そう思っていた。だが，そのとき，チョウザメは薄れた意識のなか，我々への復讐を誓っていたに違いない。その復讐は数時間も経たずに現実のものになったのだから。

　マーキングを施したチョウザメを水槽に戻し，泳ぐ様子を撮影するカメラを仕掛けて，結果を楽しみに，いったんその場を離れる。だが，数時間後に確認した映像にマーキングは写っていなかった。マーキングしていないチョウザメと区別がつかないくらいに消えていた。塗料がダメだったのかと，水に溶けない別の塗料，墨，マニキュアなどを試してみたがすべて失敗。どのマーキングもすぐに剥がれ

落ちた。

　魚は生きている。体表を守るために体液が分泌され，強力な塗料をも排除してしまう。魚が自分を守るための機能を持っていること，長い時間をかけて生き抜くために備えたもの，魚の持つ体の仕組みの偉大さに感心させられつつ，映像からの座標値取得の難しさという目の前の問題に，頭を抱えた出来事だった。（安居覚）

4.3　水槽の上からのチョウザメのデータ収集

　泳いでいるチョウザメのデータを取得することは，個体認識のための泳法を知るため，チョウザメの動きをシミュレーションに反映させるためにも重要である。だが，水槽内のチョウザメ撮影については，4.2 節でも語られているように失敗の連続だった。どうすれば目的のデータを取得することができるのか？　と頭を悩ませ続けた。

　そもそも，なぜ水槽の上からのデータが欲しいのか？

　水槽を上から見るとチョウザメの背中側からの動きがわかる。それは，チョウザメが，前進，後退，左右への方向転換など，水面と平行な移動についてのデータである。同時に，体を左右に振って泳ぐ様子をいちばんわかりやすく捉えることのできる方向でもあるため，チョウザメの泳法を知るためにも重要である。だからこそ，水槽の上からのデータは最初から撮影する予定で準備し，チョウザメの水槽に赴いた。

　カメラで水槽を長時間撮影することを考えたとき，まず思い浮かぶのは三脚を使うことだろう。我々もカメラを設置するための専用機材が存在し，それを使えばデータが問題なく取得できるであろうことにまったく疑問を感じていなかった。水槽の横に三脚を設置するため，多少斜めからになることはわかっていたが，それでも簡単にデータが取得できるだろうと思い，水槽よりも高さのある三脚にカメラを乗せて水槽に向けた。カメラの画角にもしっかり水槽が収まっている。これで上からのデータは無事に取得できた。そう信じていた。

　だが，現実はそんなに甘くなかったのである。

　確かに上方向からの撮影ではあるのだが，水槽に対して多少斜め。この多少

であっても斜めというのが曲者だった。最初の敵は光。斜めから撮ることで，水面での光の反射がそのままカメラに映り込んだ。室内水槽なので，設置してあるライトの当たり方にもよるが，水面の半分以上が光って，チョウザメがほとんど見えない（図4.12）なんてことも多々あった。だからと言って照明を消してはチョウザメも見えなくなるのでそれもできない。

図4.12　三脚で斜め上から撮影したチョウザメ水槽

　次に考えたのは，カメラに偏光フィルタを使うことである。これはカメラのレンズの前に取り付け，光の反射を抑える効果がある。だから，チョウザメ水槽の反射にも効果があるはずだった。確かに効果はあった。でも，今度は水面下のチョウザメがよく見えなくなった。室内の照明は，屋外の太陽光とは比べものにならないほど暗いということに気がつく。屋外での反射を抑えるくらい強力に光を防いでくれたおかげで，肝心のチョウザメの映りが非常に悪かった。

　それでも，なんとか映ったチョウザメを上からのデータとして処理すること
にしたのだが，そこでも，多少斜めというのが，また足を引っ張ってくれた。
カメラに近いチョウザメと，遠いチョウザメの大きさが違う。これは，当初か
ら想定していたことだが，ソフトウェア的に処理すれば大丈夫だと思ってい
た。三脚の高さも水深もわかっているから簡単に計算できる，と。だが，そん
な皮算用は脆くも崩れ去る。カメラとチョウザメとの間には水という別の敵
がいた。水面で屈折した光をカメラが捉えるから，それも計算しないと正確
なデータにならない。さらに水槽だからポンプが動き，エアレーションもし
ている。チョウザメも動くから，水面はつねに波打っている。そこまで考慮し
て真面目に計算させようものなら，日が暮れるどころかチョウザメが育って
キャビアの出荷のほうが早いかもしれない。それほど計算コストの大きなこと
だった。

　となったとき，もう対
症療法はやめて，撮影方
法を根本から見直す方が
早いのでは？ と思った。
ここは建物のなかだ。あ
りがたいことに，天井に
は梁があって，そこから
カメラを吊るすことがで
きることに気が付いた。
というよりも，最初から
それが可能なことは頭
の片隅にあったのだ。だ
が，脚立で梁にカメラを
くくりつけるよりも，三
脚を使うほうが圧倒的に
簡単だったから，その考
えから抜け出せずにい

図4.13　水槽の真上にカメラを設置した様子

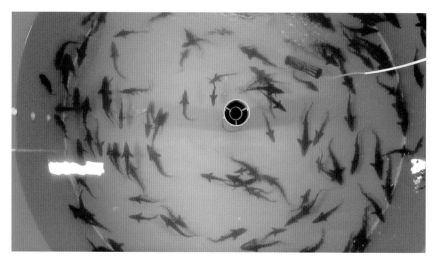

図4.14 真上から撮影したチョウザメ水槽

た。見ないことにしていたという方が正しいかもしれない。結果，さらに難し
い問題を引き起こしていた。だから，天井からカメラを真下に向けて設置した
（図4.13）。設置がたいへんでも脚立に乗った方が，結局は楽だったのである。

　もちろん，水槽の真上からの映像にも光の反射は入る。水面の揺れも起こっ
ているが，チョウザメが鮮明に写っている映像が大幅に増えた。その映像か
ら，検知（ディテクト）や，追跡（トラッキング）も行うことができた。上から
の映像で，チョウザメの数が瞬時にわかり，狙った個体を追うこともできる。
個体の泳法を調べるための基礎となるデータの1つを得ることができた。

　魚を相手に横着してはいけない。データが欲しいなら，人間も体を張れ。脚
立に乗るくらい面倒臭がるな。それが，チョウザメに教えられた教訓かもしれ
ない。

第5章　チョウザメの CG をつくる

5.1　CG をつくろう

　本章では，チョウザメの写真や動画，スケッチといった 2D のデータを用いて，精巧な筋骨格 3D モデルを作成する方法について記載する。今回行った手順は下記の流れとなる。

① チョウザメの形をつくる（モデリング）
② チョウザメの模様をつくる（テクスチャ）
③ チョウザメを動かせるようにする（リギング）
④ チョウザメの骨や筋肉の形をつくる

それぞれについて詳しく説明する。

❖ チョウザメの形をつくる（モデリング）

　チョウザメを 3D 空間に形づくっていく。一般的には「モデリング」と言い，作業は下記の流れで行う。

① 資料集め
② 3 面図の作成
③ ラフモデリング
④ 詳細モデリング

　資料集めとはモデリングを行っていく上で必要なデータを集めることを言う。この事前にさまざまなデータを集めるという作業は非常に重要である。ここで，しっかりと情報を集めて 3D 化する対象に対して知識を深めていないと，その後の手順で間違えた形状になってしまったり，手戻りが多く発生した

りする。

　収集データは，専門書やネットだけで集めるのではなく，実際に対象物を見て，撮影することがポイントになる。対象物を見ることで，頭のなかに立体物として記憶できるので，その後のモデリング作業が効率的に行えるのだ。まったく見たこともないものをつくるのと，見た経験のあるものをつくるのとでは，大きな差が生じる。

　資料が集まったら，そのデータを元に3面図を作成する。3面図とは，チョウザメを正面，側面，上面から撮影したデータを元に作成する図である。この図をガイドにしてモデリングを行っていく。

図5.1　正面, 側面, 上面の撮影画像

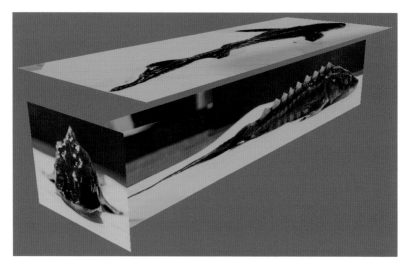

図5.2　3面図

　Maya という 3D ソフトウェアを使用して，大まかな形状をモデリングして
いく（本データの作成には Maya を使用しているが，Blender や 3dsMAX な
ど，他の 3D ソフトウェアを用いてもかまわない）。

　まずは，基本の形状として立方体を利用する。細かく分割しながらガイドに
沿って頂点を移動して形状を整えていく。

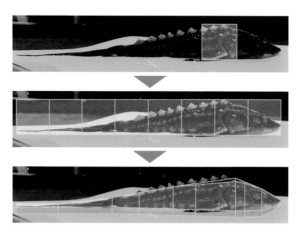

図5.3　側面ラフモデリング

1 方向からだけでなく，正面や上面などからも確認する。

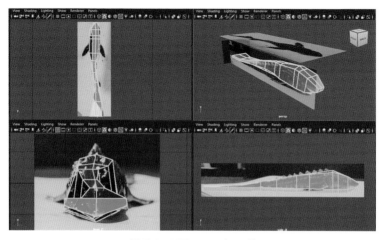

図5.4　3面ラフモデリング

　3 方向でつねに確認しながら，分割を繰り返し，形状を整えていく。大まか
な形状ができたら，詳細を詰めるモデリングへと移る。

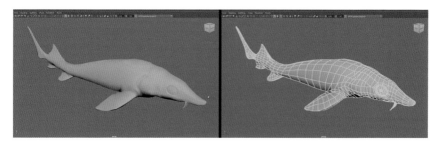

図5.5 形状を整えていく

　詳細モデリングは，Zbrush という 3D スカルプティングソフトウェアを使
用する。ラフモデリングで行った，分割と頂点の移動ではなく，彫刻のように
彫ったり，盛り上げたりしながら直感的に形状をつくっていく。

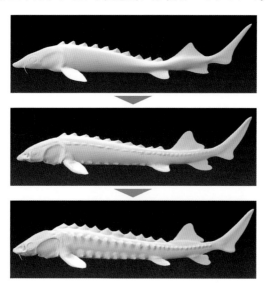

図5.6 詳細モデリング

　モデリングは非常に根気のいる作業である。集めた資料を確認しながら，細
かく形状をつくっていくので，細かい観察眼が必要になる。何度も細かい調整
を繰り返していくことでモデリングが完成する。

図5.7　完成モデリング

❖ チョウザメの模様をつくる（テクスチャ）

　モデリングが完成したら，次にチョウザメの模様をつくっていく。この模様のことを一般的には「テクスチャ」と言い，複数の 2D 画像で構成される。表面の色を表すカラーマップ，凹凸を表すノーマルマップ，陰影を表すオクリュージョンマップなどを今回は使用した。

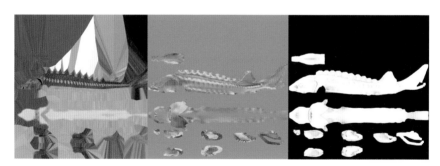

図5.8　テクスチャ

　画像編集ソフトウェア Photoshop や 3D ペイントソフトウェア Substance Painter を使用してテクスチャを作成し，仕上げる。

図5.9 テクスチャ完成

❖ **チョウザメを動かせるようにする（リギング）**

　チョウザメの形と模様をつくり 3D のオブジェクトとしては完成したが，このままでは剥製のような状態である。これを動かせるようにセットアップすることを一般的に「リギング」と言い，下記の手順で行う。

　① ボーンの作成
　② ウェイト調整

図5.10 ボーン作成

　まず，ボーンの作成について説明する。ボーンとは言葉どおりの意味で，骨のことである。チョウザメの CG モデルに 3D ソフトでボーンを作成していく。

　今回はリアルな動きを表現するために，チョウザメの背骨の数に合わせたボーンを作成した。

　ボーンの作成が終わったら，次にウェイトの調整を行う。ウェイトというのは，各ボーンに対して 3D オブジェクトの頂点がどれぐらい影響を受けるかを数値で表したものである。次図で説明すると，赤枠で囲った部分のウェイト値を調整することで，滑らかに形状が変化するようにする。

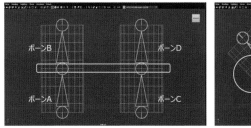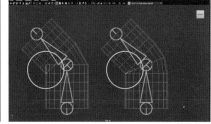

図5.11　ウェイト調整前（左）と調整後（右）

　各ボーンに対して，どの頂点がどれぐらい影響を受けるのかを細かく調整していく。

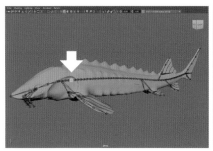

図5.12　ウェイト対象ボーン（左）とウェイト（右）

　この工程により，チョウザメの CG モデルがボーンと関連づけられて動かせるようになる。

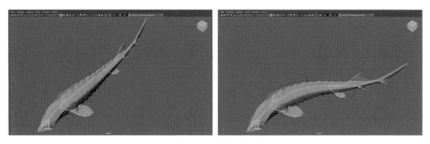

図5.13 ボーンと関連づけられた動き

❖ チョウザメの骨や筋肉の形をつくる

　前項までで，一般的なチョウザメの CG モデルは完成した。本項では，精巧なチョウザメの筋骨格モデルを作成するために，チョウザメの外側だけでなく，内側にある骨や筋肉も 3D 化していく。

　まずは，資料を元に各骨のパーツをモデリングしていく。1 つ 1 つの骨を作成し，それらを組み合わせて部位別に組み立てていく。

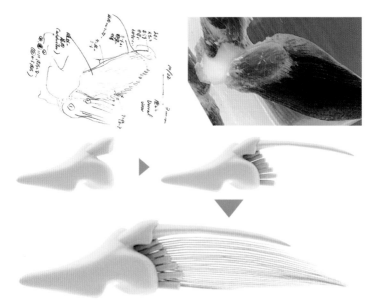

図5.14 胸ビレ

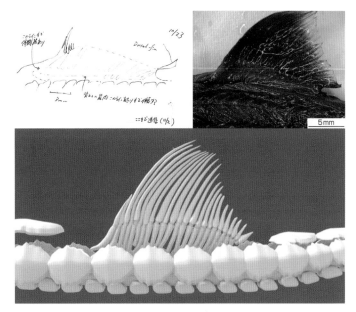

図5.15　背ビレ

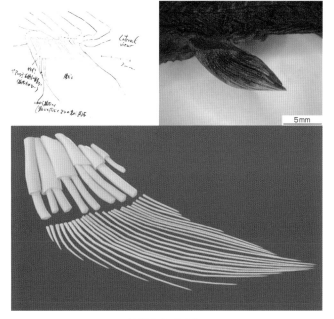

図5.16　腹ビレ

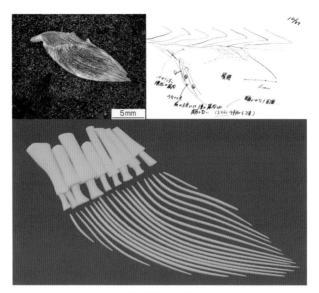

図5.17 尻ビレ

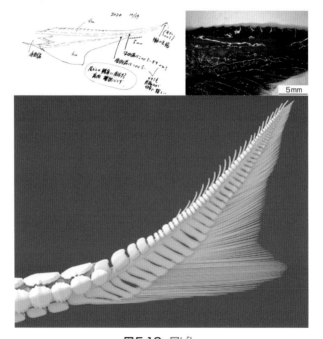

図5.18 尾ビレ

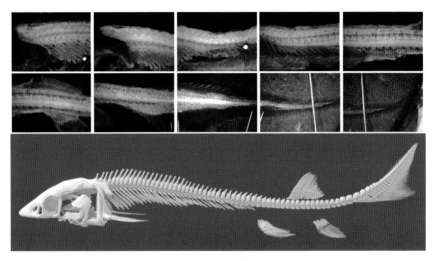

図5.19 脊椎

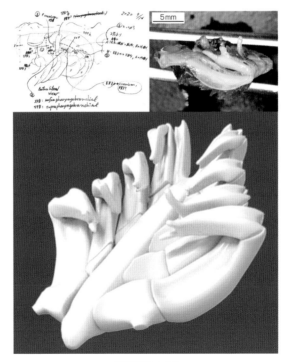

図5.20 エラ

頭蓋骨の詳細な骨のパーツも作成し，組み合わせる。

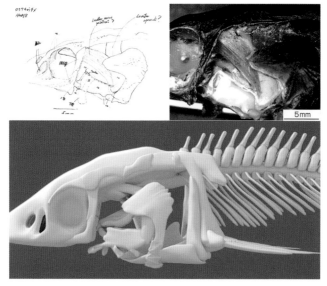

図5.21 頭蓋骨

チョウザメの骨の CG モデルが完成した。

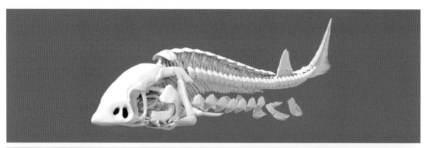

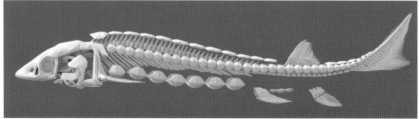

図5.22 骨のCGモデル完成

　次に筋肉を作成する。体側筋から着手し，各ヒレを作成していく。筋肉だけでなく，腱や結合組織もあわせて作成し，つなげていく。

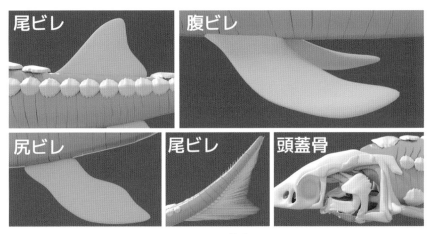

図5.23 筋肉

　すべてがつなぎ合わされた，筋骨格モデルが出来上がった。

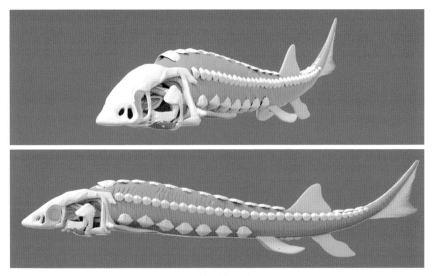

図5.24 筋骨格モデル完成

5.2 CG を動かそう

　本節では，チョウザメの CG を実際に動かす方法について説明する。チョウザメの CG（動かすべきオブジェクト）が，水槽など背景の CG（動かさないオブジェクト）のなかに配置されているシミュレーション環境を例とする（以下，この項目では，それぞれを単に，チョウザメ，水槽と呼ぶ）。

❖ 水槽のなかのチョウザメの動きと体勢

　水槽のなかでチョウザメの CG を動かす場合，決めなければならないことが大きく 2 つある。1 つはチョウザメと水槽の関係について，もう 1 つはチョウザメの体勢についてである。

　まず，チョウザメと水槽との関係についてだが，チョウザメが水槽のどこにいるのか？　という水槽内での位置（3 次元座標），どちらを向いているのか？という水槽内での向き（角度），水槽のどのくらいの大きさを占めているのか？（サイズ），この 3 つを決めるとチョウザメと水槽との関係が決まる。

　そして，この 3 つのパラメータを時間と共に変化させることで，チョウザメを水槽のなかで動かすことができる。チョウザメの座標が変われば，それは移動となる。角度が変わることは，チョウザメが向きを変えることとなる。チョウザメの場合，大きさを変えることはあまりないかもしれないが，成長過程を見たいなら，変えてみてもいい。この 3 つのパラメータのそれぞれを短い時間で大きく変化させれば速い動きになり，長い時間で小さく変化させればゆったりとした動きになる。このようにして速度，加速度も含め，チョウザメを水槽のなかで自由に動かすことができる。

　次に，チョウザメの体勢についてだが，鰭を開いているとか閉じているとか，背骨を曲げているとか，頭を傾けているとか，関節をどのくらい曲げるのか？　を決めると体勢を決めることができる。

　CG として動かすためにチョウザメをモデリングする際，体の可動部分（関節や眼球など）にジョイントと呼ばれる回転部品を設定しておく。そのジョイントに回転角度を指定することで，CG のチョウザメの関節が曲がり，体勢に

変化をつけることができる。我々が使用した CG には，実際のチョウザメを解剖した結果に基づき，骨と骨との間の関節などにジョイントを設定してある（図 5.25 の丸に数字で指定したところがすべてジョイントである）。

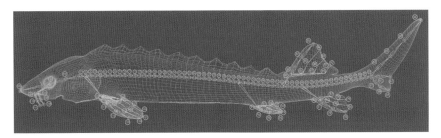

図5.25　CGのチョウザメのジョイント

　たとえばチョウザメが泳ぐときには，とくに背骨や鰭を大きく動かすが，それらについているジョイントの回転を指定することで，泳いでいるときの体勢を決めることができる。そして，時間と共に各ジョイントの回転を変化させることで，泳ぐ動きをつくることができる。

　CG を動かす場合，チョウザメと水槽の関係，チョウザメの体勢の 2 つは独立して変化させることが可能だが，実物の泳ぎ方に近い動きをつくるには，この 2 つを連動して変化させる必要がある。

　たとえば，水槽のなかでチョウザメが前進しているのに，体勢が変わっていなかったら，違和感があるだろう。前進しているなら，鰭や体を動かしていなければ，とても不自然に見える。それも考慮しながら，この 2 つを決めていくことが，チョウザメをチョウザメらしく，より正確に泳がせるための基本となる。

❖ 実際にチョウザメの CG を泳がせる

　チョウザメの 3 次元座標と角度と大きさ，体勢を決めるジョイントの回転を，時間によって変化させることでチョウザメを動かすというのは，前項で説明したとおりだが，実際にそれらの値を指定して CG の動きをつくるのは，とてもたいへんな作業である。

　近年のテレビやビデオ，CG 動画でよく使われている映像は 1 秒間に約 30 枚の画像を順番に差し替えて動きを表現している（差し替える画像 1 枚をフレーム，1 秒間に差し替えるフレームの数を fps という単位で表現する）。30 fps の CG をつくりたいなら，1 秒間に 30 フレームが必要になる。1 フレームごとにチョウザメの座標を決め，角度を決め，大きさを決め，すべてのジョイントの回転を決める必要がある。今回使用した CG のジョイントは，図 5.25 で示したように 100 以上にもなる。それらのジョイントを，すべてのフレームについて指定することになる。1 秒間の動きをつくるだけでも，座標，角度，サイズは 30，ジョイントは 3000 以上の値を決めなければならない。しかも，それは 1 匹の場合であり，水槽にチョウザメを増やして一緒に泳がせようものなら，その数は膨大なものになる。とくにジョイントについては，人の手ですべて指定するのはほぼ無理だと言っていい。

　そのため，CG を動かすにはキーフレーム補間を使うことが多い。キーフレーム補間とは，図 5.26 のように，動きの区切りとなる部分に，あらかじめキーフレームを定める。尾鰭を左右に振って泳ぐチョウザメであれば，尾鰭が最も右側に向くとき，真ん中に戻ってきたとき，さらにそこから最も左側に向くときなど，動きの区切りとなるフレームを指定する場合が多い。動きが複雑

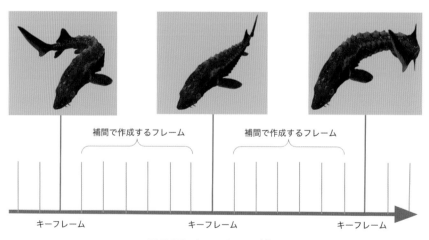

図5.26 キーフレーム補間

になればキーフレームは細かく，多く必要となり，一定の動きであればキーフレームは少なくてもよい。そのように定めたキーフレームでジョイントの値を指定して，ある時点でのチョウザメの体勢を決める。その上で，キーフレームとキーフレームの間のフレームにおいては，各ジョイントの値は連続的に変化していると仮定し，計算により回転を決定する。このようにキーフレーム以外のフレームは計算によってジョイントの回転を自動的に決定することで，回転を指定するコストを大幅に削減している。

　ただし，キーフレームだけでも手作業でジョイントの回転を指定するのはたいへんな作業である。今回作成したチョウザメの CG はジョイントの数が多く，また 3 次元の CG であるために，1 つのジョイントについて，x 軸周り，y 軸周り，z 軸周りの，3 つの値で回転を決定する必要がある。キーフレームのみであっても，すべてのジョイントにこの作業を行うのは，かなりの労力である。その上，多数のジョイントの 3 軸の回転によってとるべき体勢を，角度の値だけで理解することは難しい。そのため，キーフレームについても体勢を見ながら回転を決めることができるツールを用いて CG の動きをつくるのが一般的であり，我々もチョウザメ（魚）用のツールを用いてキーフレームを作成することで CG を動かしている。

　また，このようにしてつくったさまざまな短い動きを組み合わせることで連続的な動きをつくる工夫なども取り入れながら，シミュレーションや，複数のチョウザメが別々に動くような CG を作成している。

回転のイメージがわかない：クォータニオンの話

　本文中で，3 次元のジョイントの回転は，x，y，z それぞれの軸周りの角度によって表す（これをオイラー角という）と書いたが，実際に CG を動かす場合には，内部的にオイラー角のまま計算をすることはほとんどない。オイラー角で回転を表現しようとすると，どうしてもぶつかってしまう大きな問題の 1 つに，ジンバルロックというものがある。これは，ある角度の条件で x，y，z の軸のうち 2 つが重なってしまい，軸を回転させることができなくなってしまうという問題である。条件が決まっているため，例外として回避することもできるが，回転計算

の途中に例外処理を挟むのはわずらわしい。そのため，ジンバルロックを起こさない回転の表現方法として，クォータニオンが使われている。これは，4つのパラメータで，自由な向きに指定できる軸と，その軸周りの角度を指定して回転を表現する方法であり，ジンバルロックの回避以外にも，計算上の利便性があるため，CGの回転計算ではほとんどの場合で使用されている。

　だが，万能に見えるクォータニオンにも大きな問題がある。それは，クォータニオンの値を見ただけでは，人がその回転をイメージしにくいこと。オイラー角では，x軸周りに10度，次にy軸周りに30度，そしてz軸周りに60度といったら，なんとか回転をイメージできるのではないかと思う。だが，クォータニオンは4つのパラメータで回転を表す。そう聞いた時点で，回転をイメージするのをあきらめる人が多いかもしれない。幸いなことに，クォータニオンを知らなくても，思った方向に回転させてくれるツールはたくさんあるので，CGを動かすときに意識しなくてもよい場合がほとんどだ。でも，もしも，自分が行っている回転をイメージできないことが気持ち悪いと思うなら，4つのパラメータで物体を回転させることにチャレンジしてみるといい。頭のなかに3軸での回転とは別の世界が見えてくる。それが楽しいことかどうかは保証できないが，例外を考える必要がなく1つのルールですべての回転が決まる世界はとても面白いと思う。（安居覚）

5.3　CG環境をつくろう

❖Unityについて

　3D CGのシミュレーションをつくるに当たって，CG素材を3D空間に配置し，画面にレンダリングする仕組みが必要である。低水準プログラミング言語とグラフィックスAPIを使って独自のレンダリングするプログラムを書いてもいいが，実は世の中にこの用途に適しているソリューションがすでに存在している。それはゲームエンジンなのである。魚のシミュレーションのために採用したのは，ゲーム業界以外にも，建築や自動車の業界など，幅広く使われているUnityゲームエンジンである。インポートするCG素材をそのままレンダリングできて，さらに簡単なC#スクリプティングでそのCGのオブジェクトを制御できる。本節では，UnityのSceneを用意し，CG素材をインポートして配置する方法を紹介する。

❖ 新規プロジェクトの作成

　まず，Unity のプロジェクトをテンプレートからつくる。テンプレートによって，レンダリングの処理を行う Render Pipeline が異なる。Unity には複数の Render Pipeline がある。それぞれは違うグラフィックス機能を使い，違う用途やターゲットプラットフォームに適している。今回は，ある程度リアルさ

図5.27　Unity Hubの新規プロジェクト画面

図5.28　新しくつくられたプロジェクトの様子

を求めているので，High Definition Render Pipeline（HDRP）のプロジェクトテンプレートを選択し，新規プロジェクトを作成する。作成したら，空の Scene が Unity Editor で開かれる。

❖ CG 素材のインポート

　Unity で CG 素材を使う前に，インポートする必要がある。Unity は FBX や OBJ など，多くの一般的な 3D モデルのファイル形式に対応している。まず 3D モデリングのツールでつくった 3D モデルを対応している形式に書き出す。その後，Finder や File Explorer を使って，ファイルシステムから Unity の Project Window にドラッグ＆ドロップするだけで，インポートの処理が走る。インポートの設定は Inspector Window で表示される。今回は Model や Rig の設定を変える必要はとくにないが，このままだとインポートした 3D モデルは一面グレイに染まっている。ファイルに入っている表面の外見を表すテクスチャを抽出する必要がある。

図5.29 素材が入っている Project Window

　テクスチャの抽出は Inspector にある Materials タブから行う。Extract Textures... を押して，保存ダイアログから書き出すディレクトリを選ぶ。今回はこれでインポートは完了になるが，場合によってはテクスチャがモデルファイルに含まれておらず，別の画像ファイルとして提供される。その場合

は別に Material を用意する必要がある。Material とはテクスチャ（画像データ）とシェーダー（画像データの描画を制御する GPU プログラム）を合わせたもので，Extract Materials... で抽出することも可能だし，Assets → Create → Material で作成することもできる。Material の Inspector で Base Map（メインのテクスチャ）や Normal Map（凹凸を表現する画像）などが指定できる。出来上がった Material は 3D モデルの Inspector の Materials タブの Remapped Materials に貼り付けることができる。

図5.30 魚の3DモデルのInspectorの Materialsタブ

図5.31 魚用のMaterialのInspector

　上記の作業を魚の 3D モデルと魚の生息地となる生簀の 3D モデルで実施したら，インポート作業はいったん完了する。次は，インポートした 3D モデルを Unity の Scene に配置する。

❖ Scene の準備

　Scene の様子は Scene View で確認できる。その隣にある Hierarchy Window で Scene にあるすべての物がリストアップされている。これらは全部 GameObject と言われるものである。Scene は GameObject で構成され，3D モデルを表す GameObject もあれば，何かの目に見えない処理を実行するだけの GameObject もある。さらに，GameObject に Component を貼り

図5.32　Hierarchy Window

付けることができる。Component は GameObject の動作を制御するもので，最初から選べる Component の他に，自分で C#スクリプトを書いて定義する Component もある。デフォルトで 3 個の GameObject が Scene に入っている。

- Main Camera：この GameObject の Camera component が仮想カメラの役割を果たす。カメラの観点から見える 3D モデルがレンダリングされる。

- Sun：この GameObject の Light component が仮想光源の役割を果たす。複数の Light を使ってもいい。でも，Light が 1 つもなければ Scene が真っ暗になる。この Light は太陽を表現する。

- Sky and Fog Volume：この GameObject に Volume の Component がついている。HDRP の Volume system でレンダリングの設定を調整できる。各 Volume は自身の体積内でのみ有効になる。この Volume は Global

であるため，Scene 全体に影響を及ばす。この Volume はその名のとおり，空や霧の設定が載っている。

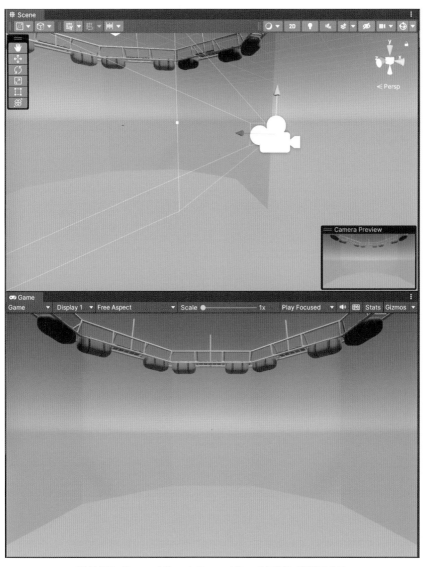

図5.33 Scene ViewとGame Viewを同時に確認できる

　この 3 個の Component だけで，Scene の雰囲気は自由自在に調整できる。
しかし，Scene にはまだ物体が入っていないので，用意した CG 素材を追加す
る。Project Window でインポートした 3D モデルを Hierarchy Window までド
ラッグ＆ドロップする。これで Scene View に入る。Hierarchy Window で追加
した GameObject を選択したら，Scene View でその GameObject を移動させ
るコントロールが表示される。これで魚を生簀のなかまで移動させる。次はカ
メラも移動する。カメラに写っている光景を確認するために，Scene View と
Game View を同時に見る。見やすいレイアウトを設定するには，Window →
Layouts → 2 by 3 を選ぶ。魚と同じように，Main Camera の GameObject を選
択した上で，Scene View の移動コントロールを使って，生簀のなかがよく見
える位置に移動する。

図5.34　素材が入ったScene View

図5.35　GameObjectの移動コントロール

　いま，生簀と 1 匹の魚が Scene に入っている。しかし，魚の群のシミュレー
ションをする際は，大量の魚が要る。今後追加する Component を含めて大量
の魚の GameObject のコピーを生成するためには，Prefab を使う。Prefab を
つくるには，Hierarchy Window から Project Window に GameObject をドラッグ
＆ドロップする。Project Window に魚の GameObject の完全なコピーである
Prefab が追加される。この Prefab はスクリプトから参照し，何度でも生成す

ることができる。

　生簀のある Scene と，魚の群を生
成するための材料が出来ている。し
かし，水中の空間には見えない。水
は光を屈折させたり，吸収したりす
るので，地上と違って見える。完全
に再現するためには，物理学的に正
しいポストプロセスのエフェクト
を実装する必要があるが，HDRP の
Physically Based Sky と Fog のエフ
ェクトで近似できる。Sky and Fog
Volume の GameObject を選択した
ら，その設定にアクセスできる。

図5.36 Physically Based Skyと
Fogの水中環境を再現した設定

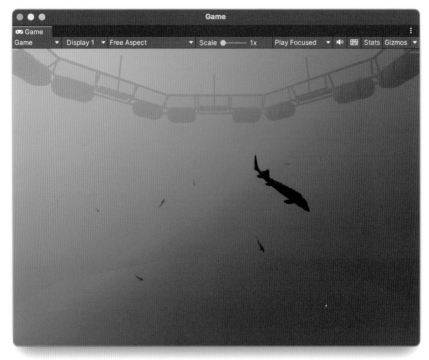

図5.37 完成した水中環境

　これで CG の水中の生簀環境ができた。群行動のアルゴリズムを C#スクリプトで実装したら，魚の Prefab の行動が制御できるようになり，シミュレーションすることができる。

第6章　Foids：魚群のシミュレーション

6.1　魚群と物理学の長い付き合い

魚群の振る舞いを数理モデルを通して数学や物理学の手法を用いて理解しようという試みは古くからあり，20 世紀の前半にはすでに存在していた。たとえば 1933 年 4 月の「理学界」に掲載された寺田寅彦の随筆「物質群として見た動物群」[1] には

> 近ごろまた自分の知人の物理学者が魚群の運動に関する研究に物理学的の解析方法を応用しておもしろい研究をしているのであるが，これに対しても，生理学者の側では「生物の事が物理学でわかるはずがない」という簡単な理由から，その研究の結果に正当な注意の目を向けることなしに看過する傾向があるかと思われる。

という一文があり，生物物理学という分野がある現代からすると「生物の事が物理学でわかるはずがない」というのは隔世の感があるが，先見の明のある物理学者はコンピュータによるシミュレーションができるようになる前から魚群の振る舞いを物理学的に解明しようと試みていたことがわかる。このような流れの研究は，このエッセイが書かれてから 90 年経つ現代においても，生物学者のみならず物理学者も取り組む問題の 1 つであり続けている。それらの研究の目的は魚群の振る舞いという自然現象の解明にある。一方で本章で解説する Foids の目的は自然現象の解明そのものではない。魚群の数理モデルの解析をこんなふうに養殖事業という読者のみなさんの食事に直結するような事業に用いる試みが世の中にあることを理解いただければ幸甚である。

　機械学習を用いて生簀のなかの魚の振る舞いの異常検知を自動化しようとする際に問題となるのは，どのようにして十分な学習データを得るか？ である。

観察やフィールドワークのみで十分な訓練用データを得ることは，膨大な時間とコストがかかり現実的ではない。そこで，コンピュータグラフィック（CG）を用いた合成データにも頼ることにする。そのためには，魚や生簀のリアルなCGと，さまざまな環境下における魚の運動の再現を行う必要がある。そこでは当然，濁りや太陽光の影響なども取り入れられる。他の章で解説されているとおり，現実の海と違い，計算機のなかではより自由にさまざまな環境をつくりだすことが可能である。そこで，シミュレーションによりさまざまな環境の合成データをつくりだし，それを機械学習の訓練データとして使うことにした。

　この章で取り扱う内容は魚群の数理モデルであるので，他の章と違い，数式を用いた説明が含まれる。数式の部分は読み飛ばしても，雰囲気だけは伝わるように書いたつもりである。ただ，もう少し詳しく知りたい読者に向けて「原論文をあたるように」だけで済ませるのも不親切すぎだと思い，数式を用いた解説も書いてある。扱っている数学は高校数学の範囲と物理学の単振動の部分であるが，高校数学では見慣れない記号の使い方がされているところはその説明を足した。要は書き方の違いでしかないので，気にせず読んでいただきたい。一方で，機械学習の手法や理論に関することは，原論文以外にもすでに世の中に書籍やインターネットのウェブサイトなどの形でさまざまな解説があふれており，その詳細を解説することは本書の枠を大きくはみ出してしまうので，興味を持たれた方は自分に合った方法で学習していただければと思う。

6.2 Foids（魚擬）

　20世紀の後半にはコンピュータが普及し，鳥の群れの運動を単純な規則から生成するBoids（ボイド）というアルゴリズムが1987年にCraig Reynoldsによって考案された[2]。名前の由来はBird + oid（鳥＋擬）であり，群れのなかの個々の鳥が以下の3種類の相互作用をしながら動くことで，鳥の群れの振る舞いを再現している。

- 分離：群中の鳥たちは互いに衝突を避ける。

- 整列：群中の鳥たちは，大体，自分の周囲の鳥たちとそろった動きをしようとする。
- 結合：群中の鳥たちは，群れの中心に引き寄せらる。

　Boids はこれらシンプルなルールにより，本物らしい群れのダイナミクスを再現し，現在もこれに改良を加えられたものが CG アニメーションの生成に用いられている。これをベースに生簀のなかの魚群の振る舞いを再現する Foids というアルゴリズムが石若ら[3] によって考案された。名前の由来はもちろん Fish ＋ oid で（魚＋擬）である。

　これだけ説明しても具体的にどうしているのかわからないと思うので，そのエッセンスを最低限必要な数式と図を参照しながら解説したい。各々の効果を図 6.2，図 6.3，図 6.6 で示す。用いる数学としては高校数学の範囲に留めているが，見慣れない記法もあるので，そのエッセンスを箇条書きで表しておく。Foids も Boids 同様，群中における個体間の相互作用は「分離」「整列」「結合」がベースになっている。それに加え，好みの「水温」や明るさ，つまり「照度」，生簀のなかという環境を考慮すると「境界」の影響も受ける。

- 分離：魚群中の魚たちは互いに衝突を避ける。ある魚が検知可能な範囲に別の魚が入ってきた場合，衝突を避ける方向に速度変化が生じる。
- 整列：魚群中の魚たちは，大体，自分の周囲の魚たちとそろった動きをしようとする。ある魚が検知可能な範囲にいる別の魚たちの運動方向を観測し，それらの平均の向きとそろうようにする。
- 結合：魚群中の魚たちは群れの中心に引き寄せられる。ある魚はその検知可能な範囲にいる魚たちの平均位置に引き寄せられる。
- 水温：魚群中の魚たちは，それらの好みの水温の深度に向かう。
- 照度：魚群中の魚たちは，それらの好みの明るさの深度に向かう。
- 境界：魚群中の魚たちは，水面から飛び出すことや，生簀の網に突き刺さらないよう，境界を回避する。

この検知可能な範囲というのは，視覚と側線による観測可能な範囲という意

味である。腕に自信のある読者は，ここまででいったん本を閉じて，自分なら
どのように数理モデル化するのかを考えてみてほしい。その後，本章で紹介す
る数理モデルと自分で構築した数理モデルを比較して考察することをお勧めす
る。本章で紹介する手法が唯一の正解というわけではなく，まだ改善の余地が
あるということは強調しておきたい。物理学において，力学，量子力学，電磁
気学，熱力学などは極少数の原理や公理から出発してその理論が構築され，か
つ徹底的に実験的な検証も行われているが，魚群のダイナミクスにおいてはい
まのところ，物理学における原理と同程度に疑いのない原理は見つかってい
ない。

　Foids の数理モデルにおいて，以上の 6 要素は魚たちの速度変化，つまり加
速度を生じさせる。すなわち，Foids において，魚は外の環境や近くにいる魚
との相互作用による力を受け，その運動を変化させる（加速度が生じる）の
で，モデルの発想自体は古典力学と同じ考え方に基づいている。このため，す
でに物理学の授業や講義で力学を習った読者にはとっつきやすいと思う。それ
では，魚たちはどのように周囲との相互作用によって速度変化を引き起こすの
かを見てみよう。

　まずは記法の整理をす
る。着目する魚の番号を
i とする。魚$_i$ の位置を
$\vec{x}_i$，速度を $\vec{v}_i$ とする。も
ちろんこれらは 3 次元
のベクトルで表される。
魚$_i$ と 魚$_j$ の隔たりを表
すベクトルを $\vec{d}_{ij} = \vec{x}_i - \vec{x}_j$

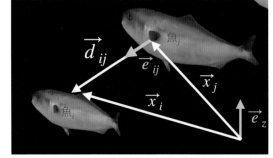

図6.1　各々のベクトルが何を表しているのかを図示した。

とし，魚$_j$ から見た 魚$_i$ の方向を表す単位ベクトルを $\vec{e}_{ij} = \vec{d}_{ij}/|\vec{d}_{ij}|$ とする。鉛
直方向を z 軸として，z 軸方向の単位ベクトルを $\vec{e}_z$ で表すことにする。以上の
ことを図 6.1 にまとめた。

　まずは Boids と共通する要素から定式化する。「分離」について見てみよう。
ある瞬間に 魚$_i$ が相互作用をするのは，その $|\vec{d}_{ij}| < r_s$ を満たす 魚$_j$ であるとす

る。このような j の集合を $\mathcal{N}_i^s$ で表し，その要素数を $|\mathcal{N}_i^s|$ で表す。この添字の s は separation の s である。魚が近づくほど，その衝突を回避する方向，つまり $\vec{e}_{ij}$ 方向へ加速すればよい。また，魚間の距離 $|\vec{d}_{ij}|$ が短いほど，速度変化は大きくなければならない。これを実際に式に表してみる。まず，魚$_i$ とある魚$_j$（$j \in \mathcal{N}_i^s$）[*1] の 2 体間相互作用に着目する。この相互作用による速度変化の成分 $\Delta\vec{v}_{ij}$ は

$$\Delta\vec{v}_{ij} = \begin{cases} \eta_s\left(r_s - |\vec{d}_{ij}|\right)\vec{e}_{ij}, & j \in \mathcal{N}_i^s \\ 0, & \text{otherwise} \end{cases} \tag{6.1}$$

である。ただし，η_s は正の係数であり，両辺の次元[*2] をそろえる。これは，実際に $|\vec{d}_{ij}|$ が小さいほど速度変化は大きくなり，その向きは 魚$_i$ が 魚$_j$ から離れる方向になっている。分離による 魚$_i$ の速度変化 $\Delta\vec{v}_i^s$ はこれら 2 体間相互作用の総和であると考えられるので

$$\Delta\vec{v}_i^s = \frac{1}{|\mathcal{N}_i^s|} \sum_{j\in\mathcal{N}_i^s} \Delta\vec{v}_{ij} \tag{6.2}$$

である。これを図 6.2 で表した。ここで 1 つ注意をしておきたい。これはあくまで「分離」を実装するための一例に過ぎず，唯一の定式化の方法ではない。式 (6.1) では近づきすぎ具合を見る部分を $r_s - |\vec{d}_{ij}|$ を用いて表したが，$(r_s - |\vec{d}_{ij}|)^2$ や $\tanh(r_s - |\vec{d}_{ij}|)$ のようなものを考えてもよいかもしれない。ただ 1 つ，この

[*1] 本文中では大学教養以上の数学は前提知識としないような記述に努めているが，高校数学では馴染みの薄い記法が登場するので，その点を解説しておく。たとえば 魚$_1$，魚$_2$，魚$_5$，魚$_6$ が 魚$_i$ から r_s 以内にいる場合，$\mathcal{N}_i^s = \{1,2,5,6\}$ である。また，これ以降 $\sum_{j\in\mathcal{N}_i^s} a_i$ のような記法を何度か目にすることになるが，これは $\mathcal{N}_i^s$ にいる j について和をとる，つまり $\sum_{j\in\mathcal{N}_i^s} a_i = a_1 + a_2 + a_5 + a_6$ を意味する。集合 $\mathcal{N}_i^s$ に「絶対値の記号」をつけたもの $|\mathcal{N}_i^s|$ は $\mathcal{N}_i^s$ の要素の個数を表す。この脚注においては $\mathcal{N}_i^s = \{1,2,5,6\}$ なので，$|\mathcal{N}_i^s| = 4$ である。

[*2] この次元とは質量 M，長さ L，時間 T の組み合わせで定まる。たとえば，速度は長さを時間で割った L/T の次元を持ち，加速度は L/T^2 の次元を持つ。面積は L^2，体積は L^3 になり，密度は M/L^3 の次元を持つ。方程式の右辺と左辺の次元は必ず一致している必要があり，右辺に長さの次元を持つ量があるのに，左辺に力の次元（ML/T^2）を持つ量がある方程式はありえない。この式では，左辺は速度の次元 L/T を持つので，右辺もそうでなくてはならない。なので，η_s の次元は 1/T である。また次元と単位を混同しないように注意してほしい。たとえば cm と m は長さの単位であり，長さの次元を持つ量 l の物差しを規定して具体的な数値を与えるものである。

74

ようなモデルを設定する際の指針を挙げるとすれば「できるだけシンプルな設定で目的を達成するように」であろう。さまざまな魚種，さまざまな状況下で汎用的に用いられる，普遍性のある単純な数理モデルを目指すべきである。

図6.2
白色の領域は半径 r_s の球を表しており，魚 i はこの領域内にいる他の個体を検知することができ，そのなかにいるものと衝突しないように，速度ベクトルの方向を赤い矢印方向へ変化させる。この図の場合はとくに最も近いものから離れる力が大きくなるので，赤い矢印の方向へ速度ベクトルの向きを変えようとする。

　次に「整列」が引き起こす速度変化について見てみる。魚$_i$ が周囲にいる魚たちと同じような速度で動くようにすればよいので，周囲にいる魚の平均速度に寄せるような相互作用を設ければよい。整列に関する相互作用半径を r_a とし，このなかにいる魚のラベル j の集合を $\mathcal{N}_i^a$，その尾数を $|\mathcal{N}_i^a|$ とする。平均速度をとる際に，魚$_i$ からの距離で重みをつけた"速度"

$$\vec{v}_j = \begin{cases} \eta_a \left(r_a - |\vec{d}_{ij}| \right) \vec{v}_j, & j \in \mathcal{N}_i^a \\ 0, & \text{otherwise} \end{cases} \tag{6.3}$$

を考える。ただし，η_a は正の係数であり，両辺の次元をそろえる。つまり，魚$_i$ から近くにいる魚の速度ほど，平均をとる際に重要度が増すというわけである。平均速度 $\vec{v}_i^{ne}$ は

$$\vec{v}_i^{ne} = \frac{1}{|\mathcal{N}_i^a|} \sum_{j \in \mathcal{N}_i^a} \vec{v}_j \tag{6.4}$$

であり，整列の効果により，魚$_i$ の速度は各ステップ毎に

$$\Delta \vec{v}_i^a = \eta_a' \left(\vec{v}_i^{ne} - \vec{v}_i \right) \tag{6.5}$$

の変化を受ける。これを $\vec{v}_i$ に足すと，$\vec{v}_i + \Delta\vec{v}_i^a$ では，$\vec{v}_i$ のうち η_a' だけを 魚$_i$ の周囲の重み付き平均速度 $\vec{v}_i^{ne}$ に置き換えていることがわかる。

図6.3
白色の領域は半径 r_a の球を表しており，魚$_i$ はこの領域内にいる他の個体を検知することができる。この魚はそのなかにいるものと同じ向きになるように，速度ベクトルの方向を赤い矢印方向へ変化させる。中心の魚から見ると検知可能な範囲にいる魚の向きは斜め左前を向いているので，向きを左に変えるような力（赤い矢印）が働いている。

残りの基本的な要素である「結合」について見てみよう。また 魚$_i$ に着目し，この要素に関する 2 体相互作用半径を r_c とし，そのなかにいる他の魚の番号 j の集合を $\mathcal{N}_i^c$ とする。このなかにいる魚の平均位置は

$$\vec{x}_i^{ne} = \frac{1}{|\mathcal{N}_i^c|} \sum_{j \in \mathcal{N}_i^c} \vec{x}_j \tag{6.6}$$

である。この平均 $\vec{x}_i^{ne}$ に寄せるような速度変化は

$$\Delta\vec{v}_i^c = \eta_c \left(\vec{x}_i^{ne} - \vec{x}_i \right) \tag{6.7}$$

である。ただし，η_c は正の係数であり，両辺の次元をそろえる。この式は，魚の速度変化は魚に検知可能な部分にいる他の魚たちの中心に向かう，それも中心から離れているほど強くそちらに向かうことを表している。式自体は，自然長から伸びたバネにかかる復元力と同じ式になっているので，物理学の力学で単振動の項目を学んだ方にはイメージしやすいであろう。高校生の読者には，バネにつながれた錘の運動を表す式が，魚群のモデルのような一見それとは結びつかないものにも現れる，同じ数理モデルが適用できる例ということを強調したい。

図6.4 白色の領域は半径 r_c の球を表しており，魚 $_i$ はこの領域内にいる他の個体の平均位置（水色の丸）に向かうように，赤い矢印方向へ速度ベクトルを変化させる。

　ここまでの説明では簡単のため，魚の検知可能な範囲を各々 r_s, r_a, r_c の球で表したが，実際には図6.5のように前後，上下，左右で異なる。前後には体長の3倍（3 BL），左右には体幅の3倍，上下には体高の3倍になる。実際は球ではなく，楕円体のような形になっている。

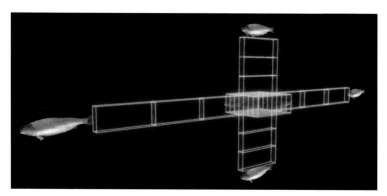

図6.5 魚は前後，上下，左右，各々の方向へ自分の幅や長さの3倍の距離を検知する。

　以上，Boidsと共通する部分の定式化を行った。次にFoidsで新たに設けられた要素について解説を行う。まず，Foidsは生簀のなかの魚群のシミュレーションを行うものであるので，魚は生簀の網への衝突を避けなければいけない。そこで，生簀の境界に近づくと斥力が生じて衝突を回避するような速度変

化 $\Delta \vec{r}_i^{\mathrm{bd}}$ が生じる。この部分の細かい実装については原論文参照のこと。

次に，魚には好みの照度と水温がある。Foids 原論文においては，この効果は鉛直方向の速度変化を起こすとしている。照度や水温は深度に依存するとし，ここでは単純に水面から離れるにつれて，どんどん暗く，冷たくなっていくとする。実際の生簀においては，生簀内や周辺に発光体がなければ，照度についてはこの仮定は正しい。しかし，水温に関しては

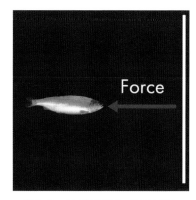

図 6.6　水面や網面などの境界と魚の間には斥力が働き，魚は境界を回避するように動く。

正しくないこともあるので注意が必要である。

照度についてはシンプルである。魚は好みの照度のレンジ $[I_{\mathrm{pref}}^{\mathrm{low}}, I_{\mathrm{pref}}^{\mathrm{high}}]$ があり，周囲の環境がこれより暗ければ上昇しようとし，明るすぎれば下降しようとする。これをシンプルに式で表すと，魚$_i$ のいる深度の照度を I とすると

$$\Delta \vec{v}_i^{\mathrm{lu}} = \begin{cases} \eta_{\mathrm{lu}} |I_{\mathrm{pref}}^{\mathrm{low}} - I| \vec{e}_z, & I < I_{\mathrm{pref}}^{\mathrm{low}} \\ 0, & I_{\mathrm{pref}}^{\mathrm{low}} \le I \le I_{\mathrm{pref}}^{\mathrm{high}} \\ -\eta_{\mathrm{lu}} |I_{\mathrm{pref}}^{\mathrm{high}} - I| \vec{e}_z, & I > I_{\mathrm{pref}}^{\mathrm{high}} \end{cases} \tag{6.8}$$

である。ただし，η_{lu} は正の係数で，両辺の次元を合わせる。温度についても同様であり，好みの温度のレンジを $[T_{\mathrm{pref}}^{\mathrm{low}}, T_{\mathrm{pref}}^{\mathrm{high}}]$ とし，魚$_i$ の周囲の水温を T とすると，水温による速度変化は

$$\Delta \vec{v}_i^{\mathrm{t}} = \begin{cases} \eta_{\mathrm{t}} |T_{\mathrm{pref}}^{\mathrm{low}} - T| \vec{e}_z, & T < T_{\mathrm{pref}}^{\mathrm{low}} \\ 0, & T_{\mathrm{pref}}^{\mathrm{low}} \le T \le T_{\mathrm{pref}}^{\mathrm{high}} \\ -\eta_{\mathrm{t}} |T_{\mathrm{pref}}^{\mathrm{high}} - T| \vec{e}_z, & T > T_{\mathrm{pref}}^{\mathrm{high}} \end{cases} \tag{6.9}$$

である。これは水温が低すぎるとより暖かい表層を目指して上昇し，高すぎるとより涼しい深い所を目指して下降することを意味する。

Foids のモデルにおいては，各ステップ毎の速度変化 $\Delta \vec{v}_i$ は，ここまでで導

入された速度変化の重み付きの和

$$\Delta \vec{v}_i = w_s^i \Delta \vec{v}_i^s + w_a^i \Delta \vec{v}_i^a + w_c^i \Delta \vec{v}_i^c + w_{bd}^i \Delta \vec{v}_i^{bd} + w_{lu}^i \Delta \vec{v}_i^{lu} + w_t^i \Delta \vec{v}_i^t \tag{6.10}$$

で表される[*3]。神経科学的な知見により，魚が外の様子を検知してから行動に移すまでタイムラグがある。Foids においては，そのラグは 200 ms であるとしている。これまでの式には各々の項目に正係数 $\eta_s, \eta_a, \cdots, \eta_t$ が含まれていたが，これらの調整はシミュレーションを実際に行う場合には重み w_s^i などの設定に吸収させることが可能である。しかし，これらのパラメータを魚種毎や生簀の形状毎に手動で設定するのはあまり現実的ではない。そこで，機械学習，とくに深層強化学習を用いて，与えられた生簀のなかの魚群の運動を自動的に生成する試みから考案されたのが DeepFoids（Deep Reinforcement Learning（DRL）＋ Foids）である[4]。

6.3 DeepFoids（深層強化学習＋魚擬）

その詳細のすべてをここで解説することはできないが，基本的な考え方を解説する。まず，DeepFoids の重要な要素の 1 つは強化学習である。強化学習においては，エージェントと呼ばれるもの（ここでは魚）が，時刻 t にある状態 s_t にあり，そこで方策と呼ばれる規則 $\pi(a_t|s_t)$ に従い，行動 a_t をとった結果，状態 s_{t+1} へ移り，報酬 $r_t = r(s_{t+1}, a_t, s_t)$ を得るとする。この方策 $\pi(a_t|s_t)$ は状態が s_t であるという「条件の下」で方策 a_t が選ばれる「条件付き確率」を表

[*3] 先ほども力学の例を出した。この式の左辺 $\Delta \vec{v}_i$ は速度変化なので，時間 step の刻み dt を限りなく小さくする極限をとると $\Delta \vec{v}_i / \Delta t \to d\vec{v}_i / dt$ であり，これは

$$\frac{d\vec{v}_i}{dt} = \vec{F}_i$$

という左辺が速度の時間微分である加速度，右辺が力（を質量で割ったもの）を表す運動方程式になる。実際は，魚が検知してから行動を決めるまでの時間差により，時間遅れのある微分方程式になり

$$\frac{d\vec{v}_i}{dt}(t) = \vec{F}_i(t - \tau_d), \quad \tau_d = 200 \, \text{ms}$$

になる。この方程式は遅延微分方程式などと呼ばれ，システムの次元は無限次元になるので取り扱いが難しくなる。

す。決定論的な場合，たとえば関数 f を用いて $a_t = f(s_t)$ で表される場合，ク
ロネッカーのデルタ

$$\delta(x) = \begin{cases} 1, & x = 0 \\ 0, & \text{otherwise} \end{cases}$$

を用いて，$\pi(a_t|s_t) = \delta(a_t - f(s_t))$ と表すことができる。$\delta(x)$ は $x = 0$ となる
確率が 1，それ以外は 0 という確率関数であるので，この方策は状態 s_t におい
ては 100% $a_t = f(s_t)$ という行動を選択する規則になっている[*4]。

　このモデルにおいて時刻 t における状態とは，各個体に関する，前方にいる
最も近い別個体との位置の差を表すベクトル $\vec{u}_t$，その個体がいる深度 z_t，そ
の個体から視覚的に観測される画像 $\mathcal{I}_t$ である。観測範囲はある値 d_{sense} 以内
であり，たとえば，ブリについては 2 魚身（BL，Body Length），タイとギン
ザケについては 3 BL である。以上をまとめると，状態 $s_t = (\vec{u}_t, z_t, \mathcal{I}_t)$ であ
る。各ステップ t における行動は速さの変化 δv_t と上下左右の微小回転角 $\Delta \theta_t^y$，
$\Delta \theta_t^x$ である。つまり，行動 a_t は上下左右方向への加速度を表すと考えてよい。
各エージェントはある状態 s_t にあるとき，ニューラルネットで表される方策
$\pi(a_t|s_t)$ に従い，運動を変化する方向と強さ，つまり加速度を決定する。ここ
でそのアルゴリズムを含めた詳細を述べることはできないが，状態と行動につ
いてイメージしやすくするために図 6.7，図 6.8 に表した。

　強化学習における目標はエージェントが 1 エピソード中 $t \in [0, \tau]$ に得る割
引利得

$$G = \sum_{t=0}^{\tau} \gamma^t r_t, \quad 0 < \gamma < 1 \tag{6.11}$$

を最大化するような行動を選択できるようになることである。ここで r_t は各エ

[*4] いま，$\delta(x)$ は離散値（$1, 2, 3, \cdots, N$ など）である x について定義されている。x が連続値
をとる場合にはクロネッカーのデルタの代わりにディラックのデルタ関数を用いる。ディ
ラックのデルタ関数は

$$\delta(x) = \begin{cases} +\infty, & x = 0 \\ 0, & x \neq 0 \end{cases}, \quad \int_a^b \delta(x)\,dx = \begin{cases} 1, & a \leq 0 \leq b \\ 0, & \text{otherwise} \end{cases}$$

（ただし，$a < b$ とした。）を満たす。これは厳密には「関数」ではなく，その一般化された
概念である「超関数（distribution，hyperfunction）」と呼ばれるものである。

図6.7 魚の状態は深度 z_t，その個体から観測される画像 $\mathcal{I}_t$ と，前方の最も近いところにいる別の個体（星印を付した）との差分 $\vec{u}_t$ で表される。

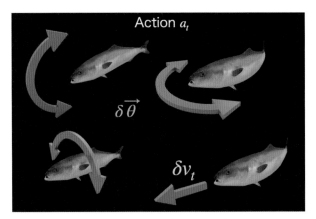

図6.8 状態 s_t を観測した後の魚の行動。左下のロール角は通常の回遊の要素を再現したい場合は不要であるが，よりイレギュラーな状況も再現したい場合には必要になる。

ージェントが時刻 t に選択した行動の結果得られる報酬を表す。負の報酬のことをペナルティとも言う。γ は割引率を表し，現在の価値 r_t に比べ未来の価値をどの程度低く見積もるかを表す。γ が 0 に近い場合はいまが良ければそれで

良いという価値観の持ち主であり，γ が 1 に近いとかなり気が長いか遠くの未来のことに希望を持てる人だと言える。たとえば，いますぐもらえる $r_t = 10$ 万円と 1 か月後にもらえる $r_{t+1} = 11$ 万円のどちらを選ぶか？という状況を考えてみよう。ただし，譲渡に関する契約をしっかりとして，1 か月後にもらえる方を選んだ場合にも相手は逃げられないものとする。1 ステップ 1 か月として，$\gamma = 0.9$ の人にとっては 1 か月後の 11 万円は $\gamma r_{t+1} = 0.9 \times 110000 = 99000$ 円なのでいますぐもらえる 10 万円を選ぶが，$\gamma = 0.99$ の人にとっては 1 か月後の 11 万円は現在の 108900 円に相当するので，1 か月待ってから 11 万円を受け取る方を選ぶ。各魚の得る状態 s_t は，周囲の視覚的情報，前方にいる最も近い魚の相対位置，深度である。これらを方策関数を表す深層ニューラルネットワークに入力することで，出力（行動 a_t）として速度変化 $\Delta \vec{v}_i$ や姿勢の変化（$\Delta \theta_i^x$，$\Delta \theta_i^y$）を得る。それに伴い，各々の魚は報酬 r_t を得る。報酬関数 r_t の内訳は

$$r_t = r_t^{\mathrm{BC}} + r_t^{\mathrm{NC}} + r_t^{\mathrm{BD}} + r_t^{\mathrm{ND}} + r_t^{\mathrm{E}} + r_t^{\mathrm{M}} + r_t^{\mathrm{C}} \tag{6.12}$$

である。以下，各項の意味を説明する。r_t^{BC} は水面から飛び出したり，生簀の壁に衝突したときに課される罰金（負の報酬）であり，r_t^{NC} は近くにいる魚と衝突した際に課される罰金である。r_t^{BD} は空間的な境界から離れることで得られる報酬であり，r_t^{ND} は相互作用可能な範囲にいる魚と同じ方向を向いている，つまり整列している場合に得られる報酬である。r_t^{E} は魚体が回転したり速度を調整する際のエネルギー消費に関して課される罰金である。r_t^{M} つまり，できるだけむだなエネルギー消費をしない行動が良い行動とされている。r_t^{C} は群れのなかの地位やそれが引き起こす群れのなかの小競り合いに関するものである。自分が近くのターゲットに仕掛けて衝突したら報酬になり，逆に攻撃されると罰金を課されることになる。本研究においては，深層強化学習アルゴリズムのなかでも，Soft Actor Critic（SAC）法[5] や Poloximal Policy Optimization（PPO）法[6] と呼ばれる方法が用いられている。これらについて興味のある読者にはぜひ原論文を読んでいただきたい。ここでベースとなるのは方策勾配法である。方策勾配法では，方策 $\pi(a_t|s_t)$ の形があるパラメータによって決まるとし，利得を最大化するようなパラメータを勾配上昇法により求

める。とくに DeepFoids で用いられる方法では，この方策関数が状態を入力として行動を出力とするような深層ニューラルネットで近似されている。期待される利得が最大化されるように勾配上昇法を用いるが，方策の勾配さえ計算できれば利得の勾配が計算できるというのが方策勾配定理の主張である。ただ，方策勾配法では学習が不安定になりがちであるという問題があり，それを克服すべく考案されたのが Trust Region Proximal Optimization（TRPO）法[7] であり，それをさらに簡単に実装可能な方法に改造したものが PPO である。これらの方法では，一度の更新で方策の変化が大きくなることを防ぐことで学習の安定化を計っている。TRPO 法や PPO 法では勾配の更新のたびにサンプリングが必要で効率が悪いので，それを改善し，連続状態空間と行動について安定なモデルフリー学習アルゴリズムを目指して考案されたのが SAC 法である。これらの詳細に関して興味のある読者は他の書籍や原論文をあたってほしい。

6.4　現実の魚群とシミュレーション上の魚群の比較

　Foids，DeepFoids によって行われたシミュレーションは，魚群のアニメーションをつくることそのものが目的ではなく，あくまでも生簀のなかの現実の魚の振る舞いを再現し，機械学習に必要な訓練データを得て，「生簀中に魚がどれだけいるか？」「出荷に適したサイズになっているか？」「異常行動をとっていないか？」などのチェックの自動化に役立てるためのものである。そのためには，数理モデルや機械学習に基づいて得られたシミュレーション結果は，現実の魚の振る舞いと整合しているのかをチェックしなければいけない。現実で取得することのできるデータは限られているので，今回は以下の 2 通りのミクロとマクロの視点からの検証を紹介する。1 つは群れのなかで起こる魚同士の小競り合いという魚群中におけるミクロな現象の再現である。もう 1 つはマクロな視点から，生簀のなかの魚口密度と魚群の形状の関係に着目したものである。

　DeepFoids において再現されたリアルな生簀の魚の振る舞いと共通する点について説明する。DeepFoids において生簀のなかの魚の密度が低い場合は swarming というやや無秩序な振る舞いが，魚の密度が高い場合は milling とい

う，魚群がトーラスを形成し，個々の魚はそのトーラスの中心軸周りを回転するパターンが見られる。実際にリアルな生簀においても，魚の密度が高い生産用生簀では milling のパターンが見られるが，魚の密度が低い実験用生簀では swarming に近い映像が撮られた。シミュレーションにおいては，これらを特徴づける秩序パラメータを計算するのは簡単だ。ここで使用するパラメータは 2 つある。1 つは極性秩序パラメータ P であり，これは魚群中の魚の向きがどれだけそろっているのかを示す。魚の速度ベクトルの向きを表す単位ベクトルを $\vec{d_i} = \vec{v_i}/|\vec{v_i}|$ とすると，各々のパラメータは次のように計算される [8]。

$$P = \left| \frac{1}{N} \sum_{i=1}^{N} \vec{d_i} \right|, \quad M = \left| \frac{1}{N} \sum_{i=1}^{N} \frac{\vec{x_i} \times \vec{v_i}}{|\vec{x_i}||\vec{v_i}|} \right| = \left| \frac{1}{N} \sum_{i=1}^{N} \frac{\vec{x_i} \times \vec{d_i}}{|\vec{x_i}|} \right| \tag{6.13}$$

$\vec{x_i}$ は魚の群れの中心を原点とする。つまり，$\frac{1}{N} \sum_{i=1}^{N} \vec{x_i} = \vec{0}$ になるようにしている。パラメータ P は群れのなかの魚の向きがどの程度そろっているのかを表す。schooling という魚群が真っ直ぐ進む場合には 1 に近くなるが，それ以外の場合，milling や swarming では 0 に近くなる。パラメータ M は群れのなかの魚がどの程度そろって周回運動をしているのかを表し，各魚が同じ軸を中心に規則正しく回転しているときに大きくなる（完全に 1 になるには魚が 1 つの円盤上で円運動をしている必要がある）[*5]。魚の密度が 14.7 fish/m^3 である場合はおよそ $M \sim 0.9$ であり，魚の密度が 0.59 fish/m^3 では $M \sim 0.75$ の周りを揺らいでいた。実際に高密度の場合と低密度の場合の定性的な振る舞いの違いと整合している。

[*5] ベクトル $\vec{a} = (a_x, a_y, a_z)$ とベクトル $\vec{b} = (b_x, b_y, b_z)$ に対し，これらのベクトルの外積は $\vec{a} \times \vec{b} = (a_y b_z - a_z b_y, a_z b_x - a_x b_z, a_x b_y - a_y b_x)$ である。$\vec{a} \times \vec{b}$ は $\vec{a}$, $\vec{b}$ が含まれる平面と直交しており，その向きは $\vec{a}$ から $\vec{b}$ へ回す際の右ねじの方向になっている。大きさは，$\vec{a}$ と $\vec{b}$ の間の角度を θ とすると，$|\vec{a} \times \vec{b}| = |\vec{a}||\vec{b}| \sin\theta$ になる。魚が z 軸に直交する平面できれいに円を描いて，上から見て反時計回りに回っているとき，各 i について $\vec{x_i} \times \vec{d_i}/|\vec{x_i}| = \vec{e_z}$（$z$ 軸方向の単位ベクトル）になるので，$M = 1$ になる。実際の魚群は平面の上の同心円上を動くわけではなく，あるソリッドトーラス状の魚群の内と外を行き来しながら回るので，完全に $M = 1$ となることはない。

❖ 魚群のなかの喧嘩も再現？[4]

　生簀のなかにいる魚は天敵もおらずのんびり過ごしているかというとそうで
もない。生簀中の魚口密度は野生環境よりはるかに高く，そのなかでできるだ
け居心地の良い場所や餌を求めて喧嘩が生じることがある。たとえば，マダイ

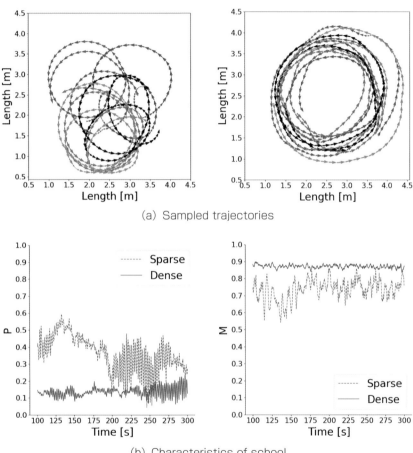

(a) Sampled trajectories

(b) Characteristics of school

図6.9 合成データについて，生簀のなかの魚の密度と魚群の状態の関係を表している。
（a）は魚群のなかから5匹のサンプルを取り出し，その軌跡を図示したものである。左側
は魚の密度は低密度（0.59匹／m³）であり，右側は高密度（14.7匹／m³）である。
（b）は各々の魚群に対し，パラメータ P（左）と M（右）を示したものである。各々の図
中で赤線で示されているのは低密度な魚群に関する時系列であり，青線は高密度のものを
表す。[4]

は本来，水深 10 m 程度のところで群れているものではない。また，ブリの生簀のなかでは，ある個体に対し，より強い個体が体当たりを仕掛けるということがフィールドワーク中にも観測された。DeepFoids において，魚群中の個体に，ある種の「社会的地位」を設定することにより，現実の魚群と同様，シミュレーション上の魚群でもこのような小競り合いを起こすことができた。

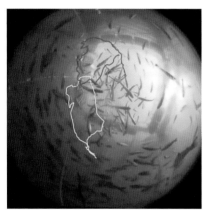

(a) Sparse school

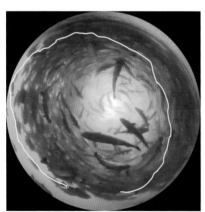
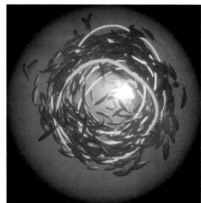

(b) Dense school

図 6.10　(a) は低密度な魚群に関する映像，(b) は高密度な魚群に関する映像である。各々において，左側が実際に生簀で撮影された映像から取り出された軌跡であり，右は合成データにより得られた軌跡である。(a) の方はバラバラに動いているのに対し，(b) の方はどちらも画面の中心の周りを周回するような動作をとっていることがわかる。[4]

　密度変化と魚群の状態変化の様子を定量的に調べた[4]。フィールドワークにおける観察によると，魚口密度が小さい実験用生簀のなかの魚はバラバラに分布しているが，密度が大きい場合，魚群中の魚たちはある種の同期した運動をし，ある軸の周りを周回して魚群はトーラス状になっている。これがシミュレーションにおいても自然に現れていることを確認する。見た目だけではなく，魚群中の魚たちの向きがどれだけそろっているか，どれだけ同期して回転しているのかを示すマクロな物理量の計算も行い検証する。

　回転曲線を用いた検証も可能であろう。ミクロな振る舞いとマクロな振る舞いに着目してきたが，その間をとってメソスコピックな視点からの検証もあれば，説得力が増すだろう。群れのなかのある種の分布関数に着目するものであるが，たとえば魚群がトーラスを形成し回転している場合，回転曲線を比較す

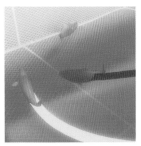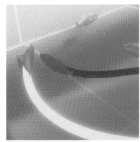

(a) Simulation results

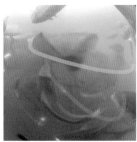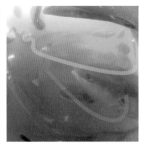

(b) Real recordings

図6.11　（a）はシミュレーションによる合成データであり，（b）は実際に生簀で撮影された映像からとった画像である。左から右へ時間が進んでいる。赤い軌跡で示された方が攻撃する個体であり，黄色で示されているのは攻撃されている個体の軌跡である。[4]

るという方法が考えられる。先行研究[9]では水が透明な水族館で観測が行われているが，生簀のように重なりが大きく不鮮明な場合にこの方法で比較するのは難しいので，実際にシミュレーションで得られた映像とフィールドワークで得られた映像について，生簀の底から撮った魚眼映像において，中心からの距離と画像を魚が占める割合を比較した。

6.5　その他の魚群の数理モデル

　ここからは，まだ Foids と DeepFoids には取り入れられていないが，魚が群れをなすことについて重要そうな事柄に関する周辺研究について触れたいと思う。Foids や DeepFoids には魚の群れが水流に与える影響，また個々の魚たちが水流から受ける影響というものが考慮されていない。魚が群れをなす理由についてはいくつかあるとされ，1 つは周囲の情報収集を効率的に行うためという説がある[10]。また，群れて泳ぐことにより流体相互作用の効果が現れ，個々の魚のエネルギー消費や酸素消費量を抑えているという主張もある[11]。流体相互作用により魚はより速く泳げるようになるということを示す，数理モデルを用いた魚群に関する理論物理学者たちの研究がある[8]。この研究においては流体力学的な相互作用をモデルに入れることで swarming や milling など DeepFoids で再現された状態以外に，turning という集団的な振る舞いが再現されている。この研究の目的は我々とは異なり，養殖のスマート化ではなく，自然現象の解明にあるので，モデルの設定などは我々と異なることがある。DeepFoids においては，魚の消費したエネルギーも報酬関数を決める要素の 1 つになっているので，流体力学的相互作用を取り入れることは今後，より良い合成データを作成したり，異常行動のモデルなどをつくる際には重要であると考えられる。このエネルギー消費に関連しては，魚類に関する解剖学的な知見も取り入れる必要が生じるかもしれない。ここで例として見せた，ブリ，マダイ，ギンザケ，トラウトサーモンのモデルにおいては各々の生物学的な知見は部分的には取り入れられているが，筋骨格に関する解剖学的な知見は取り入れていない。実際に消費エネルギーなどを議論する際にはこれらの知見も必

要になるし，また何らかの病変があって異常行動をするというモデルをつくるには当然必要になるだろう。

　ここまで，Foids や DeepFoids にはない要素ばかりを挙げてみた。実際の海上生簀のなかの養殖魚に比べ，数理モデルはだいぶ単純化されているので，これを言い出すと切りがないと思われるかもしれない。数理モデルを作成する際には必要に応じて，つまり何を解明したいのか？ どんな用途にその数理モデルを使うのか？ に応じて，どの要素を取り入れるのかを考えなくてはならない。先に挙げた 2 要素，流体力学的相互作用と解剖学的な知見は，養殖生簀のなかの魚群あるいは個体の異常行動や普段の行動を再現する合成データを得るために必要だと思われるものを挙げてみた。流体力学的相互作用を取り入れた研究においては，その効果に着目するために空間次元は 2 になっており，流体の効果も完全にすべて取り入れられたわけではない。しかし，流体効果が魚が群れをなして運動するという自然現象に与える影響を的確にえぐり出している。一方で，たとえば鱗の一枚一枚まで正確に再現しなくてはいけないか？ 網の揺れも流体力学的な効果を入れてシミュレーションする必要があるか？ というと，いまの我々の目的ではそこまで必要ではないので，省いても大丈夫である。

＜参考文献＞
1. 寺田寅彦「寺田寅彦随筆集 第四巻」小宮豊隆編，岩波文庫，（岩波書店，1948）。青空文庫 https://www.aozora.gr.jp/cards/000042/files/2355_13813.html
2. C. Reynolds, "Flocks, herds and schools: A distributed behavioral model" SIGGRAPH '87: Proceedings of the 14th Annual Conference on Computer Graphics and Interactive Techniques. Association for Computing Machinery. 25 (1987).
3. Yuko Ishiwaka, Xiao S. Zeng, Michael Lee Eastman, Sho Kakazu, Sarah Gross, Ryosuke Mizutani, Masaki Nakada, "Foids: bio-inspired fish simulation for generating synthetic datasets" ACM Transactions on Graphics **40**，1 (2021).
4. Yuko Ishiwaka, Xiao S. Zeng, Shun Ogawa, Donovan Michael Westwater, Tadayuki Tone, Masaki Nakada "DeepFoids: Adaptive Bio-Inspired Fish Simulation with Deep Reinforcement Learning" Advances in Neural Information Processing Systems **35**, 18377−18389, (2022).
5. T. Harrnoja *et al.*, "Soft Actor-Critic: Off-Policy Maximum Entropy Deep Reinforcement Learning with a Stochastic Actor" arXiv:1801.01290.
   T. Harrnoja *et al.*, "Soft Actor-Critic Algorithms and Applications" arXiv:1812.05905.
   T. Harrnoja *et al.*, "Learning to Walk via Deep Reinforcement Learning" arXiv:1812.11103.
6. John Schulman, Filip Wolski, Prafulla Dhariwal, Alec Radford, and Oleg Klimov. "Proximal policy optimization algorithms" arXiv:1707.06347, 2017.

7. J. Schulman, S. Levine, P. Moritz, M. Jordan, & P. Abbeel, "Trust Region Policy Optimization" ICML2015, arXiv:1502.05477v5.

8. Audrey Filella, *et al.* Model of Collective Fish Behavior with Hydrodynamic Interactions, Phys. Rev. Lett. **120**, 198101 (2018).

9. Kei Terayama, Hirohisa Hioki, and Masa-Aki Sakagami, A measurement method for speed distribution of collective motion with optical flow and its applications to school of fish, International Journal of Semantic Computing 9, 143 (2015).

10. 有本貴文「魚はなぜ群れで泳ぐか」（大修館書店，2007）

11. C. K. Hemelrijk, D. A. P. Reid, H. Hildenbrandt, and J. T. Padding, "The Increased Efficiency of Fish Swimming in a School," Fish and Fisheries 16, 511 (2014).

学会採択裏話

　Foids は SIGGRAPH ASIA 2021 に，DeepFoids は NeurIPS 2022 という Rank A の国際学会に採択された。学会発表までの苦労をここで語りたい。どちらの学会もほぼ同じプロセスである。

　いちばん大変なのは，最初のステップの submit（論文投稿）である。paper（論文）と supplemental material（追加情報）の両方を書き，学会の submission サイトにアップロードする。当然，締め切りなるものがあるのだが，恐ろしいことに，1 秒の遅れも許されない。サイトにカウントダウン時計があり，締め切りギリギリになると，全世界から一斉にアップロードが始まる。そのため，直前でサイトが落ちる，なんてこともザラである（そのときは，締め切りが延びることがある）。約 2 か月後に，rebuttal という reviewer（審査官）からの点数やコメントに対して反論する機会が与えられる。この期間は，だいたい 1〜2 週間である。さらに 1 か月後に，ようやく accept（発表）か reject（出直し）の連絡がくる。どちらの学会も採択率が 20〜25％と非常に低いため，accept の連絡をもらったときは，執筆者たちで小躍りしたものである。とくに NeurIPS は，投稿論文数が 1 万 411 件と史上最高だった。その後，最終稿である camera ready を 1 か月以内に投稿し，やれやれと思ったところ，コロナ禍の影響で対面とオンラインのハイブリッド開催のため，発表の動画撮影を要求される。これが非常に辛い……自分の拙い英語を時間内に収まるように何度も聞き，しゃべり，そして，最後はあきらめて，動画編集に頼る。ここで学んだのは，短い時間を引き延ばすよりも，長い時間を縮める方が圧倒的に楽であるということ。そして，本番を迎える。いちばん楽なのは，この本番であった。

（石若裕子）

第7章　ディープラーニングの学習

　この章では，ディープラーニングを使って水槽のなかにいるチョウザメを検出・追跡する方法について紹介する。紹介にとどめて，チュートリアルや入門書のように実行手順やプログラムは載せない。また，論文や専門書のように数式も含めない。あくまでも，ディープラーニングを使ったチョウザメの検出・追跡という技術の紹介である。水産に対してもディープラーニングはこういうことができるのか！　わくわく感や興味をもっていただければうれしい。少し複雑で難しいこともたまに記述しているが，頭の片隅にでも入れておいてもらい，いつか詳しく調べたときに理解してもらえれば十分である。とはいえ，インターネットを探すとこれから紹介する技法に近いプログラムは容易に見つかると思う。本書を読んで，自分でもできるのでは？　ちょっとやってみるか！　と思った方々には，ぜひ調べてチャレンジしていただきたい。かくいう筆者も，機械学習に本格的に関わったのはここ2年くらいであり，機械学習のプログラムを使うだけであれば，そこまでたいへんではないと考えている。しかし，詳しく理解する・新しくつくり上げるとなるとたいへんであり，また日進月歩の分野であることから最新情報についていくことはさらにたいへんである。ただ，それ以上に魅力的なので，ぜひ理解することにも取り組んでもらいたい。

　本章の特性？　として，ちょくちょく違う話や余談も挟んでいるが，自分が飽き性ということもあり，同じ話だけだと続かないことから挿し込んでいる。少しでも面白いと思ってもらえればうれしい。

　まず，ディープラーニングとは何かについて簡単に説明する。ディープラーニングとは，ニューラルネットワークと呼ばれる人間の脳を模倣して分類や推論を行うプログラムを拡張した機械学習の一種である。人間の脳はニューロンと呼ばれる神経細胞によって構成され，それぞれのニューロンはシナプスと呼

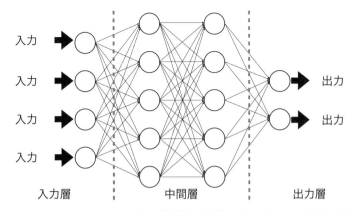

図7.1　ニューラルネットワークの模式図。円がノードであり，ノード間の線がエッジである。各エッジには重みと呼ばれる結合の強さを表すパラメータがあり，それを学習を通して更新することで目的のモデルをつくり上げる。

ばれるニューロンの接合部を介して電気的に結合している。膨大な数のニューロンが結合し，組み合わされることで，複雑な事柄を頭のなかで創造することが可能となる。1つ1つのニューロンの表現力は大したことはないが，多く集まることで複雑な表現力を持つ。ニューロン間の結合は，使われる頻度が高いほど結合度合いが強まり，頻度が低いほど結合度合いが弱まる。我々が何かを思い出す際に，すぐに思い出すことができる，また1つのことから連想して他のことを思い出すことができるのはこのためであり，そこにはこのシナプスの強度が関係している。ニューラルネットワークでは，これらのニューロン，シナプス，結合度合いといったものを簡易的にモデル化している。ニューロンはノード，シナプスはエッジ，結合度合いは重みといったパラメータで表し，多数のノードで構成される入力層・中間層・出力層という主に3つの層から構成される。ディープラーニングは，中間層を膨大に増やすと共に，全体のニューロンの数も増やすことで，より複雑なタスクを実現できる。ちなみに，ディープラーニングでは，このニューロンの集合体全体のことをモデルと呼ぶ。

　余談だが，ある意味でニューラルネットワークと電子機器（PC やスマートフォンなど）は似ている。電子機器はトランジスタの集合体であり，トランジスタ1つだけでは主に1か0かを出力するスイッチングを行う半導体に過ぎ

ない。しかし，これが膨大に組み合わさることによって，文字を書いたり映像を編集したり，ディープラーニングで学習モデルをつくるといったさまざまで複雑なことができる。この本の読者は水産に興味がある方が多いと思う。トランジスタという言葉に馴染みはないかもしれないが，数多くの電子機器に使われているということを脳の片隅にでも入れていただけると，工学出身者としてはなんとなくうれしいところである。

　話はニューラルネットワークに戻る。各ノードはエッジから入力値を受け取り，活性化関数と呼ばれる関数によって加工して出力する。その出力はエッジを通して新たなノードに送られる。ニューラルネットワークを用いた分類や推論は，ネットワークに分類や推論をさせたい値（真値）とノードとエッジから出力された値（出力値）の差を小さくするように重みを更新していくことで実現する。このように正解となるデータを用意した学習のやり方を教師あり学習と呼ぶ。

　このようなディープラーニングを用いて本題のチョウザメを検出・追跡するためにはどうすればよいかについて説明する。まずは，チョウザメとはどのような見た目をしているかをモデルに学習させる必要がある。この学習が不十分・不適切な場合は，検出できるチョウザメに偏りができ，チョウザメではない物体をチョウザメと検出するといった誤りが発生する。それでは，モデルの学習にはどのくらいのデータの量が必要だろうか。我々がチョウザメの姿形を学習する場合，おそらく一枚の写真を見せれば，水質が濁っている，水面に波がある，光が反射しているといった環境でも，チョウザメだとある程度は検出できる。これは，人間の脳は情報統合や抽象化能力が非常に高く，必要・不要な情報の取捨選択や普遍的な情報の獲得が速いために成しうる業である。残念ながらディープラーニングのモデルは情報統合や抽象化は不得意であり，人ほど少ないサンプル数で学習できるわけではない。学習を成功させるためには，目的に合わせてさまざまな環境の学習データを用意する必要がある。また，チョウザメはカメラに対してさまざまな方向，形状で泳ぐ。真っ直ぐ泳いでいるチョウザメもいれば，少し曲がって泳いでいるチョウザメもいる。稀に裏返ることもあり，何か障害物を避けるために横向きなどで泳ぐ場合もある。

それぞれに対応した膨大な数の学習データが必要となる。この学習データは「トレーニングデータセット」と呼ばれ，多種多様なバリエーションを持つ画像データの集合体となる。次節で述べるが，このトレーニングデータセットはディープラーニングモデルの学習において最重要な要素であり，学習結果の良し悪しは，いかに質・量ともに高いものを用意できるかにかかっている。本章では，まずこのトレーニングデータセットを準備する方法について述べ，そのあとにチョウザメの検出と追跡について記述していく。

7.1　トレーニングデータセットの作成

　最近は少し落ち着いてきたが，世の中では何かとディープラーニングがもてはやされ，人の手がかからない魔法の道具のように思われている風潮がある。しかしながら，実用性を高めるためには非常に泥臭い作業が必須である。その最たるものがトレーニングデータセットの準備である。トレーニングデータセットは，ディープラーニングモデルの学習において，学習だけではなく，後述する過学習や汎化性能を確かめるためにも使用される。学習途中であまり良い性能でなければ，適宜ネットワークのアーキテクチャなどを修正し，より良いモデルの性能を目指す。このトレーニングデータセットの規模は非常に膨大である。たとえば，ディープラーニングを用いて人を検出するだけでも，人の画像のトレーニングデータセットは数万から数百万といった規模になる。また，同じような画像が多く含まれるのはよくない。データセットのなかに同じような傾向のデータが多く含まれてしまうと，ディープラーニングはその同じようなデータばかりを検出するようになる。種にかかわらずに猫を検出したい場合でも，トレーニングデータセットに三毛猫ばかり含まれていては，シャムネコやメインクーンの検出はできない。データのバリエーションが重要である。ある意味で，これは得意・不得意と似ており，得意なことばかり勉強していては，受験や定期考査では局所的に高得点を得たとしても総合点は低くなってしまう。目的によって，何をさせたいかを明確にし，所望の結果となるようにトレーニングデータセットを用意する必要がある。さらに，この画像 1 枚

1枚に，どこにディープラーニングに検出させたい物体があるのかというメタデータやラベルを付加する必要がある。この作業をアノテーションと呼ぶ。

　アノテーションの際によく使われるのは2Dバウンディングボックス（以下，バウンディングボックス）と呼ばれる四角の枠である。アノテーション時には，バウンディングボックスの4頂点の座標データを画像に付加する。ディープラーニングはその座標情報を手掛かりに学習する。この作業を何万〜何百万も実施することは非常に時間がかかり骨が折れる。また，1枚の画像に1対象物であるとは限らない。チョウザメに関しても，養殖施設では多くの魚を1つの水槽で飼育することから，1枚の画像で数十匹のバウンディングボックスを付加する必要がある。筆者も何回かアノテーションを実施したことがあるが，1枚の画像に対して5分は必要となるため，仮に1万枚の画像を用意しようとすると，寝ずに行ったとしても35日弱かかる。このように非常にたいへんな作業であり，ディープラーニングの肝でもあるため，この作業そのものを業務として提供する会社もある。

　また，人の手でアノテーションを付けようとすると，想像以上に個人差がある。以前，複数人で複数の魚が写っている画像に対してアノテーション実施を

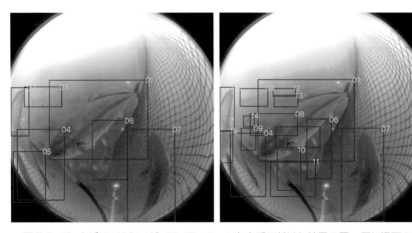

図7.2　チョウザメではないが，アノテーションを人手で付けた結果の図。同じ場面の画像であるが，左の結果は7匹と出ているのに対して，右の結果は15匹と出ている。魚のカメラへの写り方や海中の環境の影響もあるが，2倍以上の差が出ることもある。

試みた。事前にアノテーションの付け方のルールは決めていたが，各人の結果に大きなばらつきがあった。対象物体と枠の余白をなるべく狭く，少ししか写っていない場合でもアノテーションを付ける人もいれば，真逆の人もいる。人の手によるアノテーションは，時間やコストといったことのみならず，ばらつきも発生するという問題がある。ばらつきが発生すると，それが学習結果にも大きく反映される。

　以上のように，手作業による作成には時間やコスト，品質といった問題が発生する。今回のチョウザメ養殖に関しても，照明の映り方や水質の違い，育てているチョウザメの違い，水槽内部のチョウザメ以外のオブジェクトの違いといったさまざまな違いが養殖施設ごとにある。そこで，このような違いにも柔軟に対応でき，素早く，低コストで，一定の品質のトレーニングデータセットをつくり出すために，我々は CG も使用することとした。

　CG を用いて人工的につくり出したデータセットのことをシンセティックデータセットと呼ぶ。現実のチョウザメ飼育環境とそっくりな環境を CG 上で構築することができれば，トレーニングデータセットの生成作業は 1 人でも 1 日あれば十分に実施可能である。CG の作成方法については第 4 章および第 5 章を参照してほしい。この CG を前章で述べた Foids と呼ばれる群行動のアルゴリズムを用いて動かす。

　それぞれの CG のチョウザメ（以下，CG チョウザメ）にはリグと呼ばれる骨が含まれる。実際のチョウザメと同じように，リグとリグの間には可動部があるため，CG チョウザメも実際のチョウザメと同じように動作する。また，Foids を用いることで，各魚が他の魚と関係なく独立して泳ぐのではなく，実際のチョウザメと同じように，相互に関係し合いながら動作する。さらに，CG チョウザメの座標情報はあらかじめ明らかである。したがって，アノテーションで必要なバウンディングボックスは，この座標情報から容易に付加することが可能であり，アノテーションのばらつきも存在しない。

　CG チョウザメは実物と同様に泳ぎ，集団で振る舞うことから，どのフレームでもトレーニングデータセットとして含めることが可能である。このシミュレーションで 1 秒間に 30 フレームの動画を出力できる場合は，1 万枚のト

レーニングデータセットをおよそ5時間30分で用意できる（フレームとは簡単に言えば画像のことである。動画はパラパラ漫画のような画像の集合体であり，上記の1秒間に30フレームとは，1秒間の映像を30枚の画像で表すことを指している）。先ほどの手作業と比べると驚異的に速いことがわかる。また，照明の当たり方やチョウザメの大きさの違い，カメラの設置位置の違いといった多くのバリエーションにも対応できるため，容易にさまざまな条件下でのデータセットを出力可能である。CGをつくることに時間がかかるという懸念点もあるが，一度作成すれば多くの条件で試行錯誤できるため，かなりの時間・人的なコスト削減を達成するとともに，検出までのスピードを高めることが可能である。

　ここまで，実物の動画像ではなくCGを用いたデータセットの生成について述べてきた。しかしながら，可能であれば，用意するデータセットの規模は少ない方が速く試行錯誤できる。そこで，次はデータセットの生成ではなく，増やす方法について述べる。この方法は，シンセティックデータセットだけではなく，実データを用いたデータセットでも有効である。

　ちなみに，人手でのアノテーションについて記述した際に，例として寝ないで作業した場合を説明したが，人が寝ないで活動できる期間は3日から4日程度と言われている。世界記録だと11日ほどの記録があるらしい。ただ，だいたいは2日目から極端に集中力が減退し，3日目からは記憶力の低下や感情の起伏が激しくなる。眠らないことは凄くも偉くもなく，単純にパフォーマンスを落とすだけである。読者にはくれぐれも徹夜で頑張るなんてことをせず，しっかりと寝てほしい。ただでさえ，日本人は世界的に見ても睡眠時間が短いと聞く。時には割り切って寝ることが大事である。

❖ データ拡張

　データ拡張（Data Augmentation）とは，トレーニングデータセットの数を画像処理を用いて増やす手法である。前述のとおり，ディープラーニングは，トレーニングデータセットの規模やバリエーションが大きいことが求められる。不足しているとモデルは正しく学習せず，結果の精度が悪くなる。また，特定

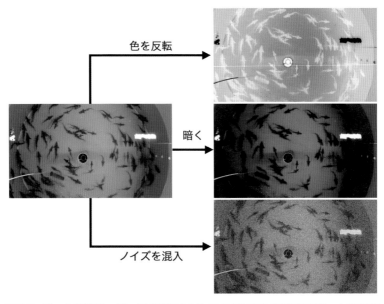

図7.3 データ拡張の一例。元の画像に対して色の反転や明暗の変更，ノイズ混入といったことを行う。これに加えて画像の回転やカットアウトも行う。

の入力にしか適用できない（汎化性能が低い）結果となる。データ拡張では，既存のデータに対してランダムに回転・反転・カットアウト・ズーム・色調の変化といった画像処理を実施することでバリエーションを確保すると共にデータセットの規模を何倍にも大きくする。チョウザメは遊泳中に場所や魚間の関係性によってさまざまに見え方が変化する。1つの画像に対して回転や反転を行うことで，見え方のデータ数・バリエーションを増やすことが可能である。また，魚の影になったり構造物によって一部分が見えない，照明によって色合いが変わる，個体による色の濃淡といったことに対しても，カットアウトやズーム，色調の変化によって1枚の画像から増やすことが可能である。このように，データに限りがある場合や，少ないデータ数からデータ数・バリエーションを増加したい場合に有効である。

　ここで，汎化性能という言葉について説明する。ディープラーニングにおいて汎化性能とは，学習したモデルが未知のデータに対して，どの程度正確な分類や推論を行うことができるかを指す。ディープラーニングは，学習したモデ

ルが訓練用のデータに対して高い性能を発揮しているとしても，それが未知の
データに対しても同様に発揮されるとは限らない。未知のデータに対しても高
い性能を発揮する＝高い汎化性能を持つかは非常に重要な要素となる。

　ちなみに，汎化性能はトレーニングデータセット以外にも，ネットワークの
複雑性に関係がある。ディープラーニングの学習においては，高い表現力を持
たせるために層やノード数を多くする。この際に過剰に多くすると，モデルが
不必要に高い表現力を持つ。必要のない入力の特徴も学習してしまうことによ
り，枝葉末節に捕らわれたモデルが誕生する。逆に，ネットワークがあまりに
も簡素すぎる場合には，学習データ・未知のデータの双方とも良い結果を出す
ことができない。かなりアナログ的なニュアンスになるが，いい塩梅の表現力
を持たせることがとても重要である。今回は学習データの話にフォーカスして
いるため，ノード数や層の数については後述のとおり参考とするネットワーク
を用いるが，ディープラーニングを使うにあたって，モデルに対してどの程度
の表現力を持たせるか否かは，試行錯誤しながらも深く検討する必要がある。

　汎化性能について簡単にまとめると，汎化性能が高いモデルは，以下のよう
な特徴を持つ。

　① 未知のデータに対しても，正確な予測を行うことができる
　② 過学習を起こしにくい

汎化性能が低いモデルは，以下のような特徴を持つ。

　① 未知のデータに対しては，正確な予測を行うことができない
　② 過学習を起こしやすい

　過学習とは，モデルが学習用のデータに対して高い性能を示す一方で，未知
のデータに対しては低い性能を示すことを指す。これは，モデルが学習データ
に対して過剰にフィットしてしまうことによって起こる現象である。機械学習
では意外によくあることで，注意が必要である。学習用のデータを使い，かな
り高い精度が出たと喜んでも，実はまったく使い物にならないといったことも
しばしば発生する。我々の生活でたとえれば，受験や定期考査の際に過去問ば

かりを勉強しすぎて，新しい傾向の問題に対応できないのと似ている。過学習と汎化性能は意味が似ているが，少し異なる。過学習が発生しているならば，汎化性能は低くなる。しかし，汎化性能が低いからと言って，過学習が発生しているとは限らない。前述のとおり，モデルが簡素すぎる場合には，学習・未知データ双方に対して良い性能が発揮できず，汎化性能は低いが，過学習は発生していない。だいぶデータ拡張から話が脱線したが，学習においては非常に重要な観点であるため，自ら機械学習を構築する際には注意してもらいたい。

　再びデータ拡張の話に戻す。チョウザメの養殖施設の環境では，照明やエアレーション，水面の揺らぎや水質変化などの環境変化がある。したがって，学習データに関して汎化性能を高くするためにはデータのバリエーションを大きくする必要があるが，いくらシンセティックデータセットとはいえ，さまざまな条件を網羅したデータセットを構築するのはたいへんな作業となる。そこで，データ拡張によってランダムに画像を加工することでバリエーションを確保するのだが，データ拡張には以下のようなデメリットもある。

① 学習時間の増加
② バリエーションの増加による学習困難
③ データ品質の低下（不自然なデータの増加）

　たとえば画像認識のタスクでは，異なる角度や大きさ，照明条件で撮影された画像をデータセットに含めることで，バリエーションを大きくすることができる。バリエーションが大きい場合，高い表現力がモデルに求められるため，モデルのネットワークも複雑化する。先述のとおり，モデルが複雑になりすぎると過学習が発生する可能性があり，汎化性能が低下する。また，あまりにもデータ拡張をやりすぎることで，実際の環境ではありえないようなデータをつくり出してしまう可能性もある。チョウザメに関しては，色調を変える場合，赤色や緑色といった見え方になっているデータを用意してもあまり意味はない。基本的には黒であり，アルビノと呼ばれる白色のチョウザメ（アルビノチョウザメ）が稀に出現するくらいである。むだなデータが増えてしまうと，学習に時間がかかる＋学習精度低下につながりかねないため，どのようなデー

タをつくり出したいのか，データ拡張を実施するまえにしっかりと定める必要がある。

シンセティックデータセットだけでの物体検出

　シンセティックデータセットについて本文で記述したが，単純に CG でそれっぽくつくればよいというわけではない。アノテーションよりは楽かもしれないが，現実との乖離が大きいと，まったく意味のない学習をしてしまうこととなる。図は，悪いシンセティックデータセットのみでチョウザメ検出を実施した結果である。思いのほか取得できてはいるが，右上のようにチョウザメではないものを取得する，はっきりチョウザメと識別できるものを検出できていないといった結果となっている。シンセティックデータセットは短時間に大量につくり出すことができるため，非常に有効ではある。一方で，現実と乖離していると悪い結果となり，むだになる。単純にチョウザメのオブジェクトを配置するだけではだめであり，遊泳中の動きもつくり出す必要がある。また，複数の魚がいる場合の魚のふるまいも表現する必要がある。ならば精巧なデータをつくろうと思うが，それはそれでとても難しい。自分でもトライしたことはあるが，リアリスティックな CG をつくり出すのも泥臭い作業である。正直なところ，筆者は CG が得意ではないため，CG 作成はチームのメンバーにお願いしている。こんなところで言うのも何だが，人のつながりは何よりも大事である。どうやって CG をつくっているかについて興味のある方は，第 5 章を参照してもらいたい。　　　　　　（利根忠幸）

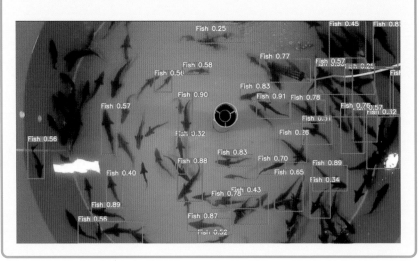

7.2　学習

　トレーニングデータセットの用意が完了したら，実際にモデルを学習する。まずは，入力に対してどのようなネットワークを用いればよいかを考える。チョウザメの識別を目的としているため，入力は画像となる。画像を扱うにあたっては，物体の形状や向きといった空間的な情報を欠落することなく扱いたい。そこで必要となるのがフィルタ（カーネル）である。画像処理の分野では，フィルタを用いて画素値とフィルタの畳み込み積分を行うことで，画像内にいる対象物のエッジ（境目）や濃淡といった特徴を抽出してきた。また，フィルタをさまざまに駆使することで，画像内のオブジェクトの普遍性を抽出し，物体の検出を実現してきた。この普遍性とは，たとえば猫でいうと耳や目，鼻，口といった，画像内にどのように猫が写っていても変わらない性質のことである。もちろん，上記だけの性質であれば犬や兎も該当するが，猫固有の普遍性を抽出することができれば，物体検出において高い汎化性能を示すことができる。それならディープラーニングを使わずともチョウザメ識別ができると思われるかもしれないが，なかなか難しい。フィルタといってもさまざまな種類が

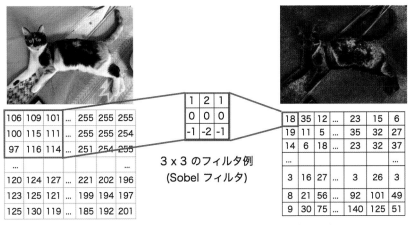

画像とフィルタの各要素ごとの和の絶対値を新たな画像の画素にする

図 7.4　画像処理におけるフィルタ適用例。画像の横方向のエッジ（境目）の特徴を抽出するフィルタを用いることで猫の模様の境目が明瞭になる。

あり，どのフィルタをどのように組み合わせて使えばよいかを明らかにすることは難しい。そこで登場するのが CNN（Convolutional Neural Network）である。

　CNN は画像や音声を処理するために設計されたネットワークであり，畳み込み層とプーリング層を特徴とし，画像や音声のような複数の次元を持つデータを効率的に処理することができる。たとえばネットワークが 1 次元しか処理できない場合，画像の 2 次元情報を 1 次元情報に変換した上で処理する必要がある。こうなると，空間的な情報に対応することが難しくなる。空間的な情報をもとにモデルに学習させることで，傾いたり変形した対象物体にも対応できるモデルを生成することができる。CNN は畳み込み層とプーリング層を組み合わせて入力データの特徴を学習することができる。畳み込み層では，従来の画像処理のようにフィルタと元画像の画素値の総和を計算し，入力データの特徴を抽出する。プーリング層では，入力データをダウンサンプリングすることでデータを圧縮し，モデルの計算量を削減する。今回のチョウザメ識別では，この CNN を用いたモデルを使用する。CNN を用いるとしても，どのくらいの大きさのフィルタサイズにするか，何層使用するかを決めなければならない。これを効率的に決める方法は残念ながら存在しないので，探索的に決めるしかない。まずは簡素な小さいネットワークから始め，少しずつ大きくしていくことで最適なネットワーク構成を見つける。しかしながら，これは骨の折れる作業であるため，本研究ではすでに物体識別において高い精度の結果を示しているモデルである YOLO を使用する。

　YOLO（You Only Look Once）は物体検出アルゴリズムの一種である。高速に物体検出を行うことが可能であり[1]，CNN を用いたアーキテクチャを元に，ImageNet などの画像認識タスクを行うための大規模データセットを用いて学習されたモデルである。YOLO にはいくつかのバージョンが存在し，2023 年 4 月時点ではバージョン 8 まで発表されている。物体の検出精度の向上や高速化，組み込みやすさといったさまざまな面で日進月歩の成長を遂げている。

　度々アーキテクチャという単語が出てきたが，アーキテクチャとはディープラーニングモデルを構成するネットワークの構造を指す。アーキテクチャは，

層の構造や各層で使用されるニューロンの数，活性化関数の種類などで決定される。結果の精度に大きく関わってくるため，目的に最適なノードおよび層の数が必要となる。では，この最適な構造はどのように求めればよいだろうか？正直なところ，試行錯誤が回答になる。おおよそこのような構造にすればよいという経験則のようなものはあるが，理論的にこうだ！　と言い切ることはいまのところできない。

　先ほど，YOLO はいくつかのバージョンがあると述べたが，おおよその処理の流れは同じであり，以下にまとめる。ただ，少々込み入った話のため，最初は処理のおおまかな流れ（入力画像の分割→分割した画像の特徴を抽出→抽出した特徴から物体の検出→検出した物体のなかで重複検出の削減）だけでも追ってもらえればと思う。

❖ 入力画像の分割

　入力された画像をグリッド状に分割する。その際，分割は複数のサイズで実施する。たとえば，縦と横のサイズが 13×13，26×26，52×52 といったグリッドで 1 枚の画像を分割する。分割されたそれぞれの画像をセルと呼ぶ。画像のサイズによって分割するサイズは変化する。YOLO では，このグリッド内に物体が存在するか否かを検出している。入力画像を分割する理由は，計算処理を速くするためである。ハイパーパラメータの調整も必要とはなるが，1 枚の大きな画像に対して大きなフィルタを用いて特徴抽出するよりも，複数の小さな画像に対して小さなフィルタを用いてそれぞれの特徴を抽出する方が計算コストは低くなる。また，より細かな物体の検出も可能となる。次に，複数のサイズを用いる理由は，入力画像内の物体の大きさが，物体自体の大きさに加えてカメラへの遠近によっても大きく変化することによる。大きさに関わらず正しく物体を検出するために，複数のグリッドに分けて行う。注意点として，YOLO のバージョン 1 では，グリッドサイズは固定である。バージョン 1 を使う機会はあまりないかもしれないが，仮に読者のなかで使用される方がいる場合は，上記の記述とは異なるため注意されたい。

❖ 特徴の抽出

　グリッドに分けられた入力画像は，先述のとおり畳み込み層にてフィルタと畳み込み演算によって特徴マップとして特徴を抽出され，プーリング層によって次元圧縮が行われる。1 次元のネットワークでは入力された情報の特徴は 1 次元であったが，今回は入力が画像の 2 次元であるため，特徴が 2 次元の空間的に表現された特徴マップを用いる。ディープラーニングによって出力される特徴マップは，浅い層では画像のエッジのような人が見てもわかりやすいものだが，層が深くなるにつれて理解が難しくなってくる。興味がある方は，CNN によって出力される特徴マップを自らの手で出力して確認してみてほしい。

❖ 物体の検出

　抽出された特徴マップから物体を検出する。その際，アンカーボックスと呼ばれる矩形を利用する。これは，特徴マップのなかで物体が存在する可能性の高い部分を矩形で囲むボックスである。その大きさや位置は YOLO 自体の学習によって獲得されるものであり，学習モデルが物体が存在する可能性が高い部分にアンカーボックスを設置する。ただし，検出した物体に対して複数設置される場合がある。

❖ 重複検出の削除

　複数のアンカーボックスを 1 つに削減する方法として NMS（Non Maximum Suppression）がある。直訳すると非最大抑圧といった意味だが，簡単に説明すれば最大でないものを削減するということである。アンカーボックスにはスコアが存在する。スコアとは，学習モデルがアンカーボックスを設置する際に，学習モデルがどのくらいそのボックスに自信があるかを表す指標である。複数設置されたアンカーボックスには，信頼度の高いものも低いものもある。それらのなかで最も高いものと低いものを比較し，重なりが一定以上の低いアンカーボックスを削除していく。こうすることで，アンカーボックスの数を削減し，重複検出の削除を実現する。残ったアンカーボックスをバウンディングボックスとして，出力する画像に描画する。

　ここまで YOLO について説明してきた。YOLO は物体識別には非常に有用
であるが，このすでに学習されたモデルをチョウザメに適用するにはどうすれ
ばよいだろうか。2 つの方法がある。1 つ目はファインチューニング，2 つ目
は転移学習である。本研究では 2 つ目を使用するが，双方とも学習の仕方につ
いて簡単に説明する。

　① ファインチューニング：学習済みのモデルを新しいトレーニングデータ
　　セットでさらに学習する方法である。一般的に，未学習のモデルを学習
　　する場合には，ネットワークの重みといったパラメータはランダムまた
　　は 0 に設定する。ファインチューニングでは，この初期値のパラメータ
　　を学習済みモデルのパラメータに設定した上で，そこから新たなトレー
　　ニングデータセットでさらに学習する。
　② 転移学習：学習済みモデルのパラメータの一部を固定し，その他のパラ
　　メータを新しいトレーニングデータセットでさらに学習する方法であ
　　る。その際，学習済みモデルのネットワークの一部を新たなネットワー
　　クに置き換える，または追加することがある。

　こう説明されてもわかりにくいかもしれないので，筆者なりに考えたイメー
ジは次のとおりである。授業にて，ある題材に関する作文の課題が与えられた
とする。自分は 1 文字も書き始めることができない。そこで，すでに書き終
わっている友人に参考として作文を見せてもらい，この作文を基に執筆を開
始する。ここまでが，学習済みモデルの準備である。ファインチューニングの
場合は，参考にした作文全体を微修正し，自分の作文とする。転移学習の場合
は，参考にした作文の前半部分といった一部分はそのままにして，それ以外は
すべて自分で書いて自分の作文とする。以上がそれぞれの学習方法のイメージ
である。ちなみに，現実の課題で同じようなことを行った場合は，剽窃になる
可能性が高いため留意されたい。
　どちらを用いればよいかは，具体的な問題設定に依存する。ある程度一般的
な判断指標としては，データセットの規模とバリエーションである。新たなタ
スクの学習データセットが小規模かつ偏りのある場合は，転移学習がファイン

チューニングよりも効果的であると考えられている。転移学習では前述のとおり，汎化性能の高いモデルのパラメータの更新はない。したがって，偏りのあるデータセットに対して，過学習を防ぎつつ，新しいタスクの性能を向上させることができる。同様に，小規模なデータセットに対しても，転移学習はデータの少なさによる過学習を防ぎつつ，性能を向上させることができる。一方，ファインチューニングは学習済みモデルのパラメータも更新するため，大規模なデータセットに対して有効であるが，偏りのある小規模なデータセットに対しては過学習のリスクが高くなる。新しく用意するデータセットの規模は小さいに越したことはないため，本研究では転移学習を使用する。

7.3 チョウザメの検出

トレーニングデータセットの用意ができ，モデルの学習が終わったら，実際にチョウザメの検出を行う。まず，実際の養殖施設で水槽内にいるチョウザメを撮影する。撮影にはカメラの動画機能を用いる。

今回の撮影の仕方は，水槽の直上にカメラを設置して，水槽内がすべて画角に入るように撮影した。したがって，7.1 節でも同じような状況のデータセットを用意する必要がある。ディープラーニングは動画そのものをインプットすることはできないため，動画をフレームごとに切り出した画像を学習モデルに入力する。7.1 節で学習したモデルを用いて検出したチョウザメの検出結果を図 7.5 に示す。

モデルを用いることでチョウザメ 1 つ 1 つにバウンディングボックスが付加されていることがわかる。また，チョウザメ以外のオブジェクトの検出はない。したがって，高い精度でチョウザメの検出が実現できていることがわかる。面白いことに，白いチョウザメの検出ができている。アルビノチョウザメは元々のトレーニングデータセットには存在していなかったが，データ拡張を行った際に画像の色合いを反転したことで，アルビノチョウザメも検知できるようになっている。

ここで，検出できていないチョウザメについて着目してみたい。なぜ検出で

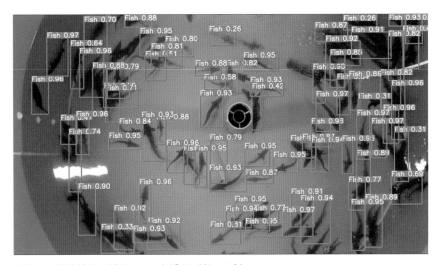

図7.5　物体検出の結果。チョウザメに対してバウンディングボックスが付加され，それぞれにFishというラベルと信頼度が付加されている。チョウザメ以外の物体の検出はない。アルビノチョウザメもちゃんと検出されている。

動画（8.30 MB）
www.kaibundo.jp/
hokusui/
ai_0705.mp4

図7.6　検知できていないチョウザメたち。泡によるノイズや，チョウザメがかたまっている場合には正しく検出できていない。

きていないのだろうか。検出できたチョウザメは，バウンディングボックスのなかにはっきりと視認できるのに対して，検出できなかったチョウザメは重なり，水面のゆらぎによって視認が難しくなっていることがわかる。これは学習データにはない見え方のデータであるため，検出漏れが発生している。これらのデータもトレーニングデータセットに取り入れることができれば，より高い精度で検出できるようになる。ただ，このような視認が難しい画像は，ノイズ

が多く混入している画像と言える。したがって，このような画像を多くトレーニングデータセットに組み込むと，チョウザメではないものを検出することによって，かえって検出精度が悪化する可能性がある。トレードオフであるため，学習の目的は何かを明確にしてトレーニングデータセットの構築を考える必要がある。

　このような物体検出のモデルを評価する際に使用される指標の例として，適合率と再現率がある。簡単には下記のような式で表すことができる。

$$適合率 = \frac{真陽性}{真陽性 + 偽陽性}$$
$$再現率 = \frac{真陽性}{真陽性 + 偽陰性}$$

　ここで，真陽性とは，学習済みモデルが学習データに含まれていないデータから物体検出を行った際に，陽性と判断したなかで本当に陽性であるものの数を指す。また，偽陽性とは，陽性と判断したなかで陽性ではないものの数である。次に，偽陰性とは，陰性と判断したなかに含まれている陽性の数を指す。上記の式には含まれていないが，もちろん真陰性も存在する。これは，陰性と判断したなかで本当に陰性である数である。

　チョウザメの検出に当てはめると，真陽性とは学習済みモデルがチョウザメと判断したもののうち本当にチョウザメである数，偽陽性とはチョウザメと判断したもののうちチョウザメではない数，偽陰性とはチョウザメではないと判断したもののうちチョウザメである数である。今回の例では，偽陽性は非常に少ないため適合率は高いが，偽陰性は前述のとおり光や波の影響である程度の数が存在するため，再現率は下がる。一般的に，適合率と再現率はトレードオフの関係であり，どちらかを改善するとどちらかが下がってしまう。目的によって，どちらを重視するかを考えるべきである。たとえば，偽物が含まれてもよいから漏れなくすべてのチョウザメを検出したい場合には，再現率を重視する。逆に，検出漏れがあってもよいが，偽物は絶対に含まれてはいけない状況であれば，適合率を重視する。今回は追跡を念頭に置いているため，偽物の検出は極力避けたい。そこで，適合率を重視する。

7.4　チョウザメの追跡

　動画の各フレームでチョウザメの検出を行うことができた。もちろんすべてではないが，可能なものは検出できたということで次に進みたいと思う。次は，検出したチョウザメを異なるフレームにわたって追跡する。仮に人手で動画内のチョウザメを追跡するには何の情報を基にするだろうか。動画はパラパラ漫画のようになっていると述べたが，パラパラ漫画を 1 フレームずつ進めて，はじめに追跡対象と決めたチョウザメの外見や動きを基に追跡すると思う。ディープラーニングを使った物体追跡も基本的には同じことを行い，外見や動きを特徴として抽出することで追跡を実現する。ここでは，StrongSORT[2]と呼ばれる物体追跡に適しているディープラーニングモデルを使用する（図7.7）。

　StrongSORT は複数の物体の追跡が得意な学習モデルであり，高い追跡精度を実現できる。StrongSORT は大きく 2 つの機能によって構成される。1 つは物体の外見の特徴量を取得するディープラーニングモデルであり，もう 1 つは物体の移動を推定するアルゴリズムである。この 2 つの機能を駆使して，対象の物体をフレーム間にわたって追跡する。

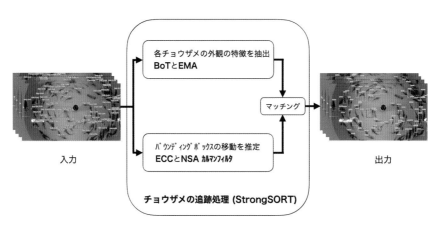

図7.7　チョウザメ追跡の概要図。各チョウザメを追跡するために，StrongSORTを利用する。主に各チョウザメの外観特徴を抽出する部分と移動の推定を行う部分に分かれ，これらを組み合わせることで追跡を実現する。

　まず，物体の外観の特徴量を取得するモデルについて説明する。すでに 7.2 節で，入力画像から 1 つ 1 つのチョウザメがバウンディングボックスによって検出できている。このバウンディングボックス内の画像の特徴量を検出する。この際に使われるのが BoT[3] である。BoT は各物体を個別に識別するための特徴を抽出することに優れており，個々のチョウザメの特徴を抽出し，異なるフレーム間でのチョウザメの同定に使用する。YOLO でもよいのではと思うかもしれないが，YOLO が特定の物体に共通する普遍的な特徴を抽出することに長けているのに対して，BoT は個々の特徴を抽出することに長けている。ただ，BoT だけでは不都合なことがある。動画のなかでは環境の変化といったノイズによって，同じ追跡対象であったとしても見え方が異なる場合がある。このようなノイズは，連続したフレームのなかで 1 フレームだけ急に発生することもあり，単にフレーム間の特徴の類似を探すだけでは，ノイズ混入のフレームを境として別の物体であると誤認識する場合がある。そこで，同じ追跡対象の特徴を過去から現在までのフレームで移動平均をとることで，大きな外観の変化が発生しても以降のフレームで異なる物体として認識されないよう対応する。StrongSORT では EMA（Exponential Moving Average）を用いることで実現している。以上，外観の特徴を取得するモデルについて簡単に説明した。次に，物体の移動を推定するアルゴリズムについて説明する。

　物体の移動を推定するアルゴリズムでは，バウンディングボックスを手がかりに物体の追跡を行う。このアルゴリズムは，外観の特徴ではなく，バウンディングボックスの座標のフレームごとの変化から，物体がどのように移動しているかを推定する。みなさんは，ただの四角の枠だけが動画に含まれていたとしても，フレーム間で連続して枠が動いている場合には，そのまま目で追跡することができると思う。これをディープラーニングモデルで実現するわけである。ただ，もしバウンディングボックスが急速に移動したらどうであろうか？　目で追うことは難しく，他にもバウンディングボックスがたくさんある場合にはどれを追っていたかがわからなくなるだろう。この急速な移動はカメラのブレによって発生することが多い。今回のチョウザメ水槽においてはカメラは固定されているものの，養殖環境には人も介在する。意図しない接触など

でカメラがブレる場合もある。また，地震などによる影響でブレることもある。したがって，カメラのブレの補償が必要である。StrongSORT では，この補償を ECC[4] と呼ばれるアルゴリズムで実現している。簡単に説明すると，前後のフレームで画像がどのくらいずれているかを計算し，そのずれを最小化するように修正するアルゴリズムである。そして，バウンディングボックスの移動は NSA カルマンフィルタ[5] によって推定される。カルマンフィルタは，追跡対象の現在の速度や加速度といった情報を，観測された情報と予測した情報の差を最小化することで推定するアルゴリズムである。ノイズが多く乗るシステムに使われることが多く，たとえばロボットや自動運転といった制御にも使われる。動画内のバウンディングボックスは，すべてのフレームで追跡対象に対して等しいわけではない。インターネットの動画サイトにもバウンディングボックスが付けられた動画があるので見ていただきたい。思ったよりも大きさが変動しており，追跡対象の速度といった情報を正確に扱うのは難しいことがわかる。カルマンフィルタを用いることで，ノイズが生じても現在の状態が推定でき，その情報を基に今後の動きを推定することもできる。あまりにも先の未来については推定の精度は激減するが，近い未来であれば高い精度の推定が可能である。StrongSORT で使用されている NSA カルマンフィルタは，通常のカルマンフィルタに比べて，よりノイズに対してロバストなアルゴリズムとなっている。カルマンフィルタが活躍するのは，チョウザメが重なっていたり死角に入っている場合など，外観特徴がまったく取れない場面である。

　StrongSORT では，外観特徴を抽出するモデルと物体の移動を推定するアルゴリズムを組み合わせることで，ノイズが混入している動画であっても高い精度で物体追跡を実現している。もちろん，StrongSORT の説明は上記では十分ではない。チャレンジングな読者は検索サイトにて StrongSORT の論文を探して読んでみると詳細がよくわかると思う。英語で書かれてはいるが，最近ではそれこそディープラーニングを駆使して英語読解をより容易にしてくれるサイトが多くあるので，トライしてもらいたい。

　さて，この StrongSORT を利用していよいよ物体追跡を行う。その結果を図7.8 に示す。

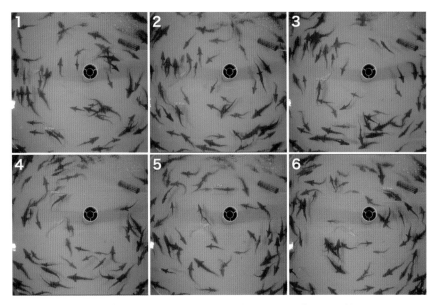

図7.8 チョウザメの追跡結果。おおよそ1秒ごとにキャプチャして並べている。チョウザメ同士の重なりがあってもIDが変わらずに追跡できていることがわかる。

　追跡の際は，それぞれにIDを振る。カルマンフィルタによる推定もあり，重なっている場面でも正しく追跡できていることがわかる。これで追跡もできたので，いざ養殖施設へ導入と言いたいところだが，そうもいかない。このチョウザメが他のチョウザメと塊になったあとに，再び同じIDが付くかというと，現時点では付かないのである。なぜだろうか？　それは，StrongSORTの仕組みとチョウザメの画像を見るとわかると思う。StrongSORTはバウンディングボックス内の画像の特徴を抽出して物体追跡を行っていると述べた。チョウザメの画像を見ると，正直なところ，チョウザメの個体間で違いはあまりないのである。StrongSORTの特徴抽出の学習モデルのトレーニングデータセットは主に服を着た人を対象としている。服は外見的にも個人間で差異が大きいため，仮に見失ったとしても再度同じ人物であると同定することが可能である。チョウザメを人にたとえれば，真っ黒な服を着た人の集団のなかの個人を追跡し続けることと同じであり，現時点のモデルでは困難である。しかしながら，黒い服といえどもよく見れば区別することができる。これはチョウザメに

も言えることである。チョウザメの専門家であれば，ある程度時間をかけれ
ば個体を見分けることができるようになるという。この特徴をうまく抽出す
るようにトレーニングデータセットを生成し，ネットワークを構築できれば，
StrongSORT をチョウザメにも適用できるようになると思われる。残念ながら
今回は，まだそこまでは実施できていない。今後の課題および展望として取り
組んでいきたいと考えている。

＜参考文献＞
1. J. Redmon, S. Divvala, R. Girshick and A. Farhadi, "You Only Look Once: Unified, Real-Time
   Object Detection," 2016 IEEE Conference on Computer Vision and Pattern Recognition (CVPR),
   Las Vegas, NV, USA, 2016, pp.779−788, doi: 10.1109/CVPR.2016.91.
2. Y. Du et al., "StrongSORT: Make DeepSORT Great Again," in IEEE Transactions on Multimedia,
   doi: 10.1109/TMM.2023.3240881.
3. H. Luo et al., "A Strong Baseline and Batch Normalization Neck for Deep Person Re-
   Identification," in IEEE Transactions on Multimedia, vol.22, no.10, pp.2597−2609, Oct. 2020,
   doi: 10.1109/TMM.2019.2958756.
4. G. D. Evangelidis and E. Z. Psarakis, "Parametric Image Alignment Using Enhanced Correlation
   Coefficient Maximization," in IEEE Transactions on Pattern Analysis and Machine Intelligence,
   vol.30, no.10, pp.1858−1865, Oct. 2008, doi: 10.1109/TPAMI.2008.113.
5. Y. Du, et al., "GIAOTracker: A comprehensive framework for MCMOT with global information
   and optimizing strategies in VisDrone 2021," in 2021 IEEE/CVF International Conference
   on Computer Vision Workshops (ICCVW), Montreal, BC, Canada, 2021 pp.2809−2819. doi:
   10.1109/ICCVW54120.2021.00315.

第8章 海上生簀での実証

8.1 海上生簀での養殖

　ここまでは主にチョウザメの養殖に関して解説してきた。すでに魚群のシミュレーションのところ（第6章）で例に出したように，我々はチョウザメに限らず，ブリ，マダイ，ギンザケ，トラウトサーモンなど，身近な魚の養殖に関するスマート化の研究も行っている。たとえば，密度による魚群の振る舞いの違いは，ギンザケに関する合成データと，ギンザケの生産用生簀（高密度）と実験用生簀（低密度）を基に計算を行った。また，魚群中の小競り合いについては，ブリに関する合成データと，生簀中のブリの映像を比較し，よく再現されていることが確認された。

　養殖ブリの切り身や刺身はスーパーマーケットなどで季節を問わず頻繁に見かけるものの1つであり，刺身，ぶり大根，照り焼き，ぶりしゃぶなど，さまざまな調理法で年中食べることができる。これは養殖が盛んであるから可能なことである。養殖マダイもブリと並んでよく目にするものであり，年中，刺身や塩焼きなどを楽しむことができる。お店に並んでいるサーモンの刺身は，北海道などで獲れる野生のサケではなく，海上生簀の養殖場で育てられたトラウトサーモンである（ちなみに野生のサケと養殖されているトラウトサーモンは別の魚種である）。野生のサケを生食するのはさまざまなリスクがあるためだが（川を上ってきたものについてはさらにそのリスクが増す），我々が日々，脂の乗ったサーモンの刺身や寿司を食べられるのは海上生簀で養殖されたものが供給されているからである。このような食生活は，天然物のみに頼っていたらあっという間に資源が枯渇し不可能になる。また，季節を問わず，食べたいときに食べたいものが食べられるのも養殖のおかげである（もちろん，この利便性には冷凍技術も寄与している）。季節によって旬のものを食べるのが本来

の正しい姿だという考え方もあるが，そのような選択肢が奪われたわけではないので，選択肢が増えたことは歓迎されてよいだろう。海上養殖においては，野生のものとは異なり，餌のコントロールが可能になるので，餌の改良や工夫によってより美味しいものを目指すこともできるだろう。現にブリやマダイにおいて，独特な給餌をすることでブランド化している水産業者が存在する。また，餌のコントロールによって生食によるリスクを低減することができるというメリットもある。

　これらの研究は，我々の食生活を便利にし，中身を豊かにするだけではなく，これから起こりうる食糧危機から人類を救うことにつながるであろう。我が国の人口は減少し続ける傾向にあるが，世界全体では人類の人口は増加し続けている。今世紀初めの世界人口は 62 億人程度であったが，それから 20 年余り，本書を執筆している 2023 年には 80 億人に迫る勢いで増加している。人の数が増えるということは，食糧の需要量も増加するわけであり，海産物の需要も当然増加する。さらに，1 人当たりの海産物の消費量も増加しているというレポートが国際連合食糧農業機関（FAO）から出されており，海産物の需要は人口増を上回るペースで急速に増加することが見込まれている。ところが，人類の需要を満たす海産物を天然物のみで持続可能な方法で賄うことはすでに不可能であり，この半世紀以上，養殖物の割合は増加し続けている。では，天然物をなるべく獲らずに養殖で食の需要を満たすようにすれば，海産物の確保に関する問題は解決するかというと，そうでもないので，本章で紹介するような研究が取り組まれている。まず，養殖場そのものは周辺の環境にダメージを与えるので，養殖場が増えれば，それに比例して環境汚染も深刻になってしまう。海上生簀について述べると，養殖魚の排泄物や残餌などは海中にそのまま残り，生簀付近の環境を汚染してしまう。餌に関しては他の問題も存在する。実は，飼料のなかには魚粉が用いられているものがあり，これをむだに使うことは結局は海洋資源をむだにしていることになるので，なるべく残餌が出ない最適な給餌が重要である。また，残餌を多く出してしまうということは，それを購入している養殖事業者にとってはむだなコストになっているので，給餌の最適化は海洋環境の観点だけではなく，事業の持続可能性にとっても重要で

ある。

　現在，給餌は人の手で行われるか，洋上に設置されている給餌機から餌を撒いている。人の手で行われる場合，水面での魚の様子を見て給餌が行われる。給餌機から撒く場合も，基本的には水面付近の様子しか観察されていない。実際にはどれだけの餌が魚にスルーされて生簀の下から抜け出しているのか，とくに計測などは行われていない。海上生簀の周りにいる野生の魚は太っているそうだ。これは豊富な餌が生簀周辺に供給されているからなのか，それとも単に元々その周辺の海が豊かであるだけなのか？　前者の方であれば，お金をかけた餌を海にばら撒いていることになる。実際に図 8.1 のように，海上生簀でのフィールドワークでは，給餌中，生簀の下に野生の魚が集まっている様子が観測された。

　もっとも，生簀にカメラなどの異物を設置すると，魚の餌食いが悪くなるので，正しいデータを得るには長期間の観察が必要である。最適な給餌のために必要な情報として自明なものは，生簀内の魚の尾数である。これはいったん生簀から魚を引き上げ，戻す際に，手作業でカウントすることで得られている（図 8.2）。また，魚のサイズも出荷時期の判断や成長状況を見るのに重要な情報である。これらの情報を得るには，いったん魚を引き上げてから麻酔をかけ

図8.1　給餌中にカメラを沈めてマダイの生簀の内側から撮影した生簀の底の様子。青物が群がっている。

Step 1：生簀の網を測定装置の前に
　　　　引き寄せる。

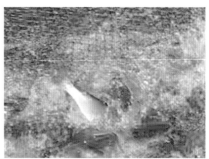

Step 2：魚を集める。

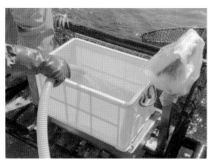

Step 3：重量計の上にケースを置いて
　　　　海水を張る。

Step 4：そこに魚を複数匹入れる。

Step 5：重量計の変化を目視で読み取る。

Step 6：魚を生簀に戻す。その際に尾数を
　　　　目視でカウントする。

図8.2　魚の重量測定，カウント方法。体重を測る前後に魚に麻酔をかけて，
尾叉長，体高，体幅を測るプロセスが加わることもある。

るなどして行われるので，どんなに気をつけても魚にダメージを与えることは避けられない。魚がかわいそうというだけの問題ではなく，養殖事業者にとって商品が傷ついてしまうことは経済的なダメージになる。これらの情報を水中の映像だけから得られるようになれば，時間的にも経済的にもかなりの効率化になる。そこで，合成データを用いた学習による尾数カウントはブリ，マダイ，ギンザケ，トラウトサーモンについても行われており，サイズ推定に関する試みも行われている。尾叉長，体高，体幅がわかれば，そこから重量を推定することができる（各シーズン，各魚種毎に係数が異なるので，そのデータは必要である）。これらの魚種に関するサイズ推定は収穫した魚の値段に直結するので，出荷時期の判断において非常に重要である。このような効率化は持続可能な食糧生産にとって必要なことである。FAO の 2022 年のレポート[1] では，近年養殖業に従事する人の数が減っているという報告がなされている。ゆえに，これまで人力や勘に頼って行われていたところを，テクノロジーによって自動化や最適化し，これらの問題を解決する必要がある。効率化の試みは国内外の複数の事業者によって行われているが，まだまだ発展途上である。これを達成しないと，すぐに地球がもたなくなるときが来てしまうだろう。

8.2　海上生簀でのフィールドワーク

　養殖魚の振る舞いを研究するには，実際に海上生簀に赴いて，さまざまなデータを取得する必要がある。実際に海上生簀において，定点映像，深度毎の水温，照度を取得するための実験を行った。定点映像は塩ビ管に 1 m おきに付けたカメラを用いて各深度毎と生簀の中心の底から撮影した。魚のサイズや数，餌食の様子を知るには，現状では映像に頼るしかない（生簀がある程度大きければソナーも使える）。各深度毎にカメラを設置することで，生簀中の魚を広く捉えられるようになり，深度毎に異なる振る舞いを示していたら，その違いもデータとして得られる。これらとともに，各深度毎の水温や照度も計測されている。魚類は変温動物なので，水温は魚の運動に直接関わる重要なファクターである。また，魚には好みの照度があり，それによって魚の好む深度が

変わり，群れがいるレンジも変化するので，照度も魚群全体の振る舞いに影響を与える重要なファクターである。よって，照度と水温については Foids と DeepFoids にも取り込まれている。真冬の東北の海で行われた作業の様子を図8.3 に示す。

図8.3　海上生簀におけるフィールドワーク。これは塩ビ管に 1 m おきに取り付けたカメラを生簀に設置する作業中の様子。揺れる狭い生簀の上を重い長靴を履いて動くので，筆者も何度か落水しそうになった。水上にいてもたいへんな作業なのだが，ソフトバンクのメンバーのなかには，ここで水中実験を行うために潜水士の資格を取り，ダイビングを伴う水中実験という，さらに過酷な作業を行う人もいる。また，カメラの取り付けは狭くて揺れる船上で行われるので，引き上げてみたらハウジングのなかに水が入っていたり，うまく録画できていないということもあった。

ダイビングのライセンス

　ソフトバンクに入社すると言われたら，どのような生活を思い浮かべるだろうか。高層ビルのおしゃれな雰囲気のオフィスで働くことを想像する人が多いかもしれない。筆者の場合は，おしゃれとは言わないが，研究室のなかでデスクワークがメインになると思っていた。しかし，現実は写真のとおりである。まさか業務でダイビングのライセンスを取得することになるとは思わなかった。ライセンスの取得は 2021 年 10 月，入社から半年後である。実験に必要とはいえ，正直，業務でのダイビングはみなさんが思うよりも 10 倍くらいたいへんである。それでも，実際に潜らないとわからないことが多くある。とくに，実験に使う機材を作成するときや実験項目を検討する際に，ダイビングの経験は非常に役に立った。潜らないとわからない生簀内の魚の挙動もあった。

　この思ってもみなかった経験を通して改めて感じたことは，何事もフットワークを軽くして，とりあえずやってみるのがよいということである。読者のみなさんも，言われたことと違うことや考えていたことと違うこと，やって意味あるのかわからないことなど多く経験すると思うが，とりあえずやってみるという気持ちを持ってほしい。

（利根忠幸）

　チョウザメの養殖場は陸上にあるプールのような生簀であり，比較的データを取りやすい環境であった。それに比べて海上生簀は文字どおり海にあり，

そのときの海の状況によって環境が大きく変わり，アクセスのしづらさから，データを取るのが困難であった。また，養殖魚の各成長ステージにおけるデータを取る機会は限られている。各シーズン毎に十分なバリエーションのあるデータを収集するには何年もかける必要があり，これを待っていると先に地球がもたなくなってしまう。そこで，第 6 章で紹介した Foids，そのモデルパラメータの設定に深層強化学習を用いた DeepFoids を魚種の生物学的データとあわせて用いることで，合成データをつくり出し，水中映像から尾数やサイズの推定を行うことを試みている。研究内容の詳細については原論文を見ていただくことにし，ここでは各魚種について，実際の生簀で取れたリアルなデータと合成データを見比べていただきたい（図 8.4）。パッと見た感じでは本物と区別がつきにくいものもある。このシミュレーションの方で得られたデータを学

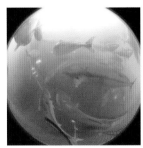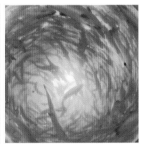

（a）フィールドワークで撮影された映像からの切り抜き

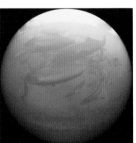

（b）シミュレーションにより生成された動画からの切り抜き

図8.4　各魚種について，実際に生簀のなかで撮られた映像（a）と，シミュレーションとCGにより合成された映像（b）の似たシーンの比較。それぞれ左から順に，ブリ，マダイ，ギンザケ。[2]

動画（11.9MB）
www.kaibundo.jp/
hokusui/
ai_0805a.mp4

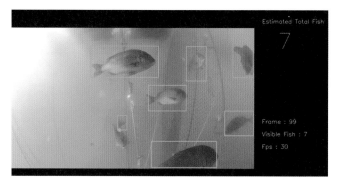

動画（11.9MB）
www.kaibundo.jp/
hokusui/
ai_0805b.mp4

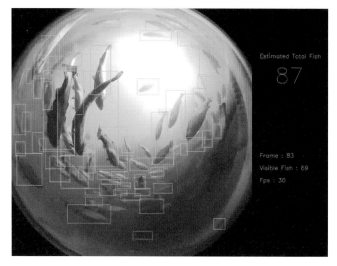

動画（12.0MB）
www.kaibundo.jp/
hokusui/
ai_0805c.mp4

図8.5 上からブリ，マダイ，ギンザケのカウントの自動化 [2]

図 8.6　リアルタイムで 2D バウンディングボックスによる魚の検知に成功している（左）。10 秒の録画データから各フレームにおいてカウントを行い，最も大きい数値を尾数とした。これを人力によるカウント結果と比較したところ，264 vs 272 となり，提案手法によって 1/60 程度の短時間で人手と差のない精度でカウントできたことがわかる。(Foids サイトより）

習データとして用い，実験用生簀において尾数カウントを行った。その様子を図 8.5 に示す。人力では 9 分 39 秒かけて 272 匹をカウントしたが，機械学習を用いた方法では 10 秒足らずで 264 匹という結果を得た（図 8.6）。これはある程度小さい実験用生簀だからできたことではあるが，大幅な改善と言える。今後の課題は，いかにして魚が数万匹いる生産用生簀でこれを行うかであろう。そのためには，見えない部分を推定する統計的な手法が役に立つと思われる。

＜参考文献＞
1. FAO, ed. 2022. The State of World Fisheries and Aquaculture 2022. Towards Blue Transformation. Rome: FAO.
2. Yuko Ishiwaka, Xiao S. Zeng, Shun Ogawa, Donovan Michael Westwater, Tadayuki Tone, Masaki Nakada "DeepFoids: Adaptive Bio-Inspired Fish Simulation with Deep Reinforcement Learning" Advances in Neural Information Processing Systems **35**, 18377–18389, (2022).

おわりに：AI と養殖これから

　本書では，我々が手がけてきた養殖における AI について述べた。データ収集に始まり，CG を生成し，尾数カウントのためのアノテーションをシミュレーションデータから自動生成した。ディープニューラルネットワークのトレーニングデータとし，チョウザメの水槽を上から撮影した映像に対して，チョウザメを自動検知し，尾数をカウントすることに成功した。さらにトラッキングも行うことができた。提案手法はチョウザメだけではなく，他の魚種への適用も可能で，ギンザケ，トラウトサーモン，マダイ，ブリについても，同様に結果を得ることができた。

　尾数カウントのためのシミュレーションは，実際の映像にかなり近いものとなり，十分に実用に耐えるものであることが示された。しかし，まだ泳ぐところまでしかできていない。我々の目標は，給餌最適化のためのシミュレーションである。これを実現するためには，多くの課題が残っている。とくに，データ収集が非常に難しい。たとえば，チョウザメが餌を発見する方法が必要となる。目で見ているのか，それとも匂いで検知しているのかによって，シミュレーションは大きく異なる。目で見て餌を認識しているのであれば，どのくらい離れていて認識できるのか，認識できるサイズはどれくらいか，餌として認識するサイズとチョウザメのサイズに相関はあるのかなど，測定方法すら思いつかないものもある。匂いで検知しているとなると，さらにたいへんである。匂いは水中を漂ってくる。そうなると，水流のシミュレーションが必要となる。チョウザメの水槽には，新鮮な水が供給される給水口があり，水流をつくっている。水中に酸素を供給するためのエアレーションがさらに複雑な水流を生み，チョウザメ自身が泳ぐことによる水流はより複雑である。これらを総合して水流シミュレーションをするとなると，現在のコンピュータでは，一回のヒレの動きで数日必要となってしまう。数時間のシミュレーションが終わる頃には，チョウザメの一生が終わってしまうかもしれない。

　このため，別のアプローチを考える必要がある。シミュレーションと一口に言っても，ガリゴリと式を解くものから，データドリブンなもの，物理現象そのものを学習させるという試みも始まっている。計算コストと精度はトレードオフになっており，精度を求めると計算時間が多く必要で，計算スピードを求めると精度が下がってしまう。必要なシミュレーションの精度とスピードの兼ね合いを見つけ，現実時間で計算可能な手法を確立していく必要がある。

　チョウザメが餌を見つけてから，振る舞いがどのように変化するかも重要な要素となる。チョウザメはサケやブリのような海上養殖の魚と異なり，餌があったとしても急には近寄ってこない。チョウザメの餌は水底に沈んでおり，餌の上を通過するといつの間にか餌が減っているという状態である。我々素人には区別がつかないが，美深町のみなさまは，餌食いの良し悪しが観察でわかるようである。エキスパートがわかるのであれば，機械学習で分類できる可能性がある。トレーニングデータの生成方法には一考が必要であるが。

　餌を食べた後の振る舞いも重要である。連続して食べるのか，食べた後は消化のために動かないのか，一回に食べる餌の量は 1 匹あたりどれくらいなのか，水槽にいるチョウザメすべてにまんべんなく餌が行き渡っているのかなど，観察しなければならない項目は多い。

　このように課題はたくさんあるが，順当に一つ一つ解決していき，時には思いもよらないアプローチを考え，目標に向かって一歩一歩進んでいくことで，養殖業界に必要な AI をつくることができるだろう。読者のみなさまが養殖に興味を持ち，水産の分野に飛び込み，エキスパートになったときにも，まだまだ解決すべき問題はたくさん残っていることが予想される。この本がみなさまの水産への興味を引き起こすことができれば幸いである。

石若裕子

■著者紹介

石若 裕子（いしわか ゆうこ）

マルチエージェントシステムにおける強化学習に関して博士（工学，北海道大学）を取得。函館工業高等専門学校で助手，北海道大学大学院・情報科学研究科にて特任助教授を経て，ソフトバンクBB株式会社に入社。社名変更に伴い，ソフトバンク株式会社にて，機械学習，計算論的神経科学などの基礎研究に従事。養殖のスマート化の研究のため，潜水士の資格を取得。
（第2章，第3章，4.2節）

今村 央（いまむら ひさし）

北海道大学大学院水産科学研究院教授。総合博物館水産科学館長を兼任。博士（水産学）。専門は魚類系統分類学。著書に『魚類分類学のすすめ〈北水ブックス〉』（海文堂出版）をはじめ，『山渓カラー名鑑：日本の海水魚』（共著，山と渓谷社），『日本動物大百科6 魚類』（共著，平凡社），『東北フィールド魚類図鑑』（共著，東海大学出版会），『魚類学』（共著，恒星社厚生閣）などがある。
（4.1節）

須田 和人（すだ かずと）

システムエンジニアとして，SI企業でキャリアをスタート。2005年にソフトバンクのグループ企業に参画し，2008年からはアリババジャパン株式会社でCISO（最高情報セキュリティ責任者）兼情報システム部長を歴任。2012年よりソフトバンク株式会社にて，並列処理アルゴリズムやコンピュータグラフィックスの研究チームの責任者として先端テクノロジーの研究開発に従事。
（第1章）

安居 覚（やすい がく）

小さい頃からモノづくりが大好き。学生時代は画像処理や3D CGにのめり込む。大学院卒業後フリーランスとして多種多様なソフトウェア開発を経験。2013年より個人事業主として業務委託でのシステム開発を開始。2016年からソフトバンク株式会社にて3Dアバターやスマート養殖に関する研究開発に取り組んでいる。
（4.3節，5.2節）

嘉数 翔（かかず しょう）

2016年から3D CG／映像アーティストとして活動。TV，CM，PV，コンサート，web，イベントなど幅広いジャンルのコンテンツ制作を担う。2019年にソフトバンク株式会社入社。3D CGアーティストとしてチョウザメの筋骨格モデルの制作を担当。その他，3D CG／映像／デザイン領域を生業として活動。

（5.1節，カバー・表紙デザイン）

マイケル・イーストマン（Michael Eastman）

ゲーム開発を目指してジョージア工科大学でコンピューテーショナルメディアという専攻で理科学士を取得。2013年にソフトバンク株式会社に入社。一般的なアプリやシステム開発の他に，Kinectなどの一風変わった開発にも携わってきた。現在はスマート養殖やアパレルのDXに関する研究開発を担当している。

（5.3節）

小川 駿（おがわ しゅん）

非平衡統計物理学に関する研究を行い博士（情報学）を取得。その後，国内外の大学と研究所で非平衡統計物理学，非線形物理学，核融合プラズマ，理論神経科学などの物理学に関する基礎研究を行ってきた。2021年10月にソフトバンク株式会社に入社し，養殖のスマート化に関する基礎研究とマルチエージェント強化学習および理論神経科学の研究に取り組む。

（第6章，第8章）

利根 忠幸（とね ただゆき）

2019年に磁性流体を用いたソフトロボットの研究を行い博士（人間情報学）を取得。ITコンサルタント系の会社を経て，2021年4月にソフトバンク株式会社に入社。現在は養殖のスマート化に関する基礎研究に取り組む。

（第7章）

ISBN978-4-303-80010-9

北水ブックス

AI が切り拓く養殖革命

2023 年 7 月 26 日 　初版発行 　　　　　　　　　　　　 ⓒ 2023

編著者 　石若裕子 　　　　　　　　　　　　　　 検印省略
発行者 　岡田雄希
発行所 　海文堂出版株式会社

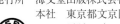

　　　　本社 　東京都文京区水道 2-5-4 （〒112-0005）
　　　　　　　電話 03（3815）3291（代） 　FAX 03（3815）3953
　　　　　　　http://www.kaibundo.jp/
　　　　支社 　神戸市中央区元町通 3-5-10 （〒650-0022）

日本書籍出版協会会員・工学書協会会員・自然科学書協会会員

PRINTED IN JAPAN 　　　　　　印刷 　ディグ／製本 　誠製本